乡村振兴
RURAL REVITALIZATION

"三农"培训精品教材

化肥减量 增效新技术

● 陈 固 陈 旭 万兆玉 主编

中国农业科学技术出版社

图书在版编目（CIP）数据

化肥减量增效新技术／陈固，陈旭，万兆玉主编．--北京：中国农业科学技术出版社，2024.4

ISBN 978-7-5116-6758-8

Ⅰ.①化… Ⅱ.①陈…②陈…③万… Ⅲ.①合理施肥 Ⅳ.①S147.3

中国国家版本馆 CIP 数据核字（2024）第 071320 号

责任编辑	申 艳
责任校对	马广洋
责任印制	姜义伟 王思文

出 版 者	中国农业科学技术出版社
	北京市中关村南大街 12 号　　邮编：100081
电 话	（010）82103898（编辑室）　　（010）82106624（发行部）
	（010）82109709（读者服务部）
网 址	https：//castp.caas.cn
经 销 者	各地新华书店
印 刷 者	北京中科印刷有限公司
开 本	140 mm×203 mm 1/32
印 张	5.375
字 数	140 千字
版 次	2024 年 4 月第 1 版 2024 年 4 月第 1 次印刷
定 价	35.00 元

《化肥减量增效新技术》
编 委 会

主　编：陈　固　　陈　旭　　万兆玉

副主编：郭爱英　　易　娜　　张彦荣　　王鹏宇

　　　　高俊儒　　郭　锋　　王茜泽　　张小霞

　　　　杨　敏　　张继新　　李　霞　　乔文峰

　　　　祁玉梅　　李春华　　黄玲玲　　龚　杰

前　　言

随着农业科技的快速发展，化肥在提高作物产量方面发挥了重要作用。然而，长期大量施用化肥也带来了诸多问题，如土壤质量下降、环境污染和农产品质量安全问题等。为了解决这些问题，化肥减量增效技术应运而生。

实施化肥减量增效行动，是落实"绿色发展"的重大措施，也是促进节本增效、节能减排的现实需要，对保障国家粮食安全、农产品质量安全和农业生态安全具有十分重要的意义。积极推广和应用化肥减量增效技术，加强农民培训和教育，提高农民的科学施肥意识和技能水平，能够为农业的可持续发展和生态文明建设贡献力量。

本书旨在向农民朋友们介绍化肥减量增效技术的相关知识，使其更好地理解化肥减量增效主要技术的原理和实践方法。本书从肥料的基础知识入手，在介绍化肥减量增效的现状和意义的基础上，分别对测土配方施肥技术、水肥一体化技术、增施有机肥技术、新型肥料使用技术、农作物化肥减量增效技术模式进行了详细介绍。本书内容全面、语言通俗，总结了我国化肥减量增效技术的最新成果和先进经验，具有较强的实用性和针对性。

由于时间仓促，加之编者水平有限，书中难免存在不足之处，欢迎广大读者批评指正。

编　者
2024 年 1 月

目　　录

第一章　化肥减量增效概述 ……………………………………… 1

　第一节　肥料基础知识 …………………………………………… 1

　第二节　化肥减量增效的现状 …………………………………… 6

　第三节　化肥减量增效的意义 …………………………………… 8

第二章　测土配方施肥技术 ……………………………………… 9

　第一节　测土配方施肥技术概述 ………………………………… 9

　第二节　测土配方施肥的方法 …………………………………… 15

　第三节　配方肥料的合理施用 …………………………………… 18

　第四节　主要作物的科学施肥技术 ……………………………… 19

第三章　水肥一体化技术 ………………………………………… 34

　第一节　水肥一体化概述 ………………………………………… 34

　第二节　水肥一体化设备的设计与安装 ………………………… 38

　第三节　水肥一体化技术操作规程 ……………………………… 50

　第四节　主要农作物的水肥一体化技术 ………………………… 58

第四章　增施有机肥技术 ………………………………………… 69

　第一节　有机肥的概念和特点 …………………………………… 69

　第二节　常见有机肥的类型 ……………………………………… 72

　第三节　有机肥的施用技术 ……………………………………… 88

　第四节　主要作物的有机肥替代技术 …………………………… 95

第五章　新型肥料使用技术 ················· 103

第一节　缓控释肥料 ····················· 103

第二节　水溶肥料 ······················· 119

第三节　微生物肥料 ····················· 123

第六章　农作物化肥减量增效技术模式 ····· 142

第一节　化肥深施机械化技术 ············· 142

第二节　水稻"侧深施肥"技术模式 ········ 147

第三节　玉米生长后期"一喷多促"技术模式 ······· 152

第四节　大豆生长后期"一喷多促"技术模式 ········ 153

第五节　玉米深松多层施肥免耕精量播种机械化技术 ···· 154

第六节　玉米滴灌水肥一体化技术 ········· 160

参考文献 ································ 164

第一章　化肥减量增效概述

第一节　肥料基础知识

一、肥料的概念

凡能够直接提供植物生长必需的营养元素的物料，称为肥料。

肥料为植物（作物）提供养分，具有提高产品品质、培肥地力、改良土壤理化性质等作用，是农业生产的物质基础。

二、肥料的分类

肥料的品种日益繁多，目前还没有统一的分类方法，常见的肥料分类方法有以下 7 种。

（一）按作物对营养元素的需求量

1. 大量元素肥料

利用含大量营养元素的物质制成的肥料，如氮肥、磷肥和钾肥。

2. 中量元素肥料

利用含中量营养元素的物质制成的肥料，如镁肥、钙肥和硫肥。

3. 微量元素肥料

利用含微量营养元素的物质制成的肥料，如有硼肥、锌肥、锰肥、钼肥、铁肥和铜肥等。

4. 有益营养元素肥料

利用含有益营养元素的物质制成的肥料，如有硅肥、稀土肥料等。

（二）按肥料的物理状态

1. 固体肥料

呈固体状态的粒状、粉状肥料，如尿素、硫酸铵、氯化铵、过磷酸钙、钙镁磷肥、磷酸铵、硫酸钾、氯化铵、硼砂、硫酸锌和硫酸锰等。

2. 液体肥料

悬浮肥料、溶液肥料和液氨肥料的总称，如液氮、氨水、叶面肥料、液体单质化肥或液状复合肥、聚磷酸铵悬浮液肥等。

3. 气体肥料

常温、常压下呈气体状态的肥料，如二氧化碳。

（三）按肥料的化学成分

1. 有机肥料

来源于植物和（或）动物，施于土壤，以提供植物（作物）养分为其主要功效的含碳物料，如饼肥、人粪肥、禽畜粪便、秸秆等沤堆肥，绿肥等农家肥料和腐植酸肥料等。

2. 化学肥料

标明养分为无机盐或酰胺形态的肥料，由物理和（或）化学方法合成，如尿素、硫酸铵、碳酸氢铵、氯化铵、过磷酸钙、磷酸铵、硫酸钾、氯化钾、磷酸二氢铵、硫酸镁、硫酸锰、硼砂、硫酸锌、硫酸铜、硫酸亚铁和钼酸铵等。

3. 有机-化学复混（合）肥料

来源于标明养分的有机肥料和化学肥料的产品，由有机肥料和化学肥料混合或化合制成。

(四) 按肥料的营养元素成分含量

1. 单质肥料

在肥料养分中，仅具有一种养分元素标明量的氮肥、磷肥、钾肥等的统称。例如，尿素、硫酸铵、碳酸氢铵、过磷酸钙、重过磷酸钙、硫酸钾和氯化钾等单质肥料；硫酸铜、硼砂、硫酸锌、硫酸锰、硫酸亚铁和钼酸铵等微量元素单质肥料。

2. 复混肥料

氮、磷、钾3种养分中，至少有2种养分标明量的由化学方法或掺混方法制成的肥料，是复合肥料与混合肥料的总称，如各种复混 (合) 肥料。

3. 复合肥料

氮、磷、钾3种养分中，至少有2种养分标明量的仅由化学方法制成的肥料，如磷酸一铵、磷酸二铵、硝酸磷肥、硝酸钾和磷酸二氢钾等。

4. 混合肥料

将2种或3种氮、磷、钾单质肥料，或将复合肥料与氮、磷、钾单质肥料中的1～2种，也可配适量的中微量元素，经过机械混合的方法制取的肥料。可分为粒状混合肥料、粉状混合肥料和掺混肥料。

5. 配方肥料

利用测土配方技术，根据不同作物的营养需要、土壤养分含量及供肥特点，以各种单质肥料或复合肥料为原料，有针对性地添加适量中微量元素或特定有机肥料等，采用掺混或造粒工艺加工而成的，具有很强针对性和地域性的专用肥料。

(五) 按肥效的持续时间

1. 速效肥料

养分易被植物 (作物) 吸收利用，即肥效快的肥料。缺点是肥效较短，后劲较差。例如，尿素、硝酸铵、硫酸铵、氯化铵、碳酸氢铵、过磷酸钙、重过磷酸钙、硫酸钾、氯化钾和农用硝酸钾等。

2. 长效（缓效）肥料

施入土壤后，肥料中的养分能在一段时间内缓慢释放供植物或作物持续吸收利用，这类肥料为长效（缓效）肥料，包括缓溶性肥料、缓释肥料。

缓溶性肥料是通过化学合成的方法降低肥料的溶解度，以达到长效的目的，如尿甲醛、尿乙醛和聚磷酸盐等。

缓释肥料是在水溶性颗粒肥料外面包上一层半透明或难溶性膜，使养分通过这一层膜缓慢释放出来，以达到长效的目的，如硫包衣尿素、沸石包裹尿素等。

（六）按肥料的化学性质

1. 碱性肥料

化学性质呈碱性的肥料，如碳酸氢铵、钙镁磷肥、氨水和液氨等。

2. 酸性肥料

化学性质呈酸性的肥料，如磷酸二氢钾、过磷酸钙、硝酸磷肥、硫酸锌、硫酸锰和硫酸铜等。

3. 中性肥料

化学性质呈中性或接近中性的肥料，如硫酸钾、氯化钾、硝酸钾和尿素等。

（七）按肥料与生长介质反应的性质

1. 生理碱性肥料

养分经作物吸收利用后，残留部分导致生长介质酸度降低的肥料，如硝酸钠、磷酸氢钙和钙镁磷肥等。

2. 生理酸性肥料

养分经作物吸收利用后，残留部分导致生长介质酸度提高的肥料，如氯化铵、硫酸铵和硫酸钾等。

3. 生理中性肥料

养分经作物吸收利用后，无残留部分或残留部分基本不改变生长介质酸度的肥料，如硝酸钙、尿素和碳酸氢铵等。

三、肥料的作用

肥料在农业生产中起着非常重要的作用，主要体现在以下 5 个方面。

（一）供给作物养分

肥料中含有丰富的氮、磷、钾等营养元素，能够满足作物生长所需的各种养分，促进作物的正常生长和发育。

（二）改善土壤结构

肥料中的有机物质能够改善土壤的物理性质，增加土壤的通气性和保水能力，有利于作物根系的生长。

（三）增加土壤微生物数量

肥料中的有机物质也是微生物的能量来源，能够增加土壤中微生物的数量和活性，从而促进土壤中养分的分解和释放。

（四）提高土壤肥力

通过施用肥料，可以不断补充土壤中的养分，提高土壤肥力，为作物的生长提供更好的条件。

（五）促进作物生长

肥料中的营养元素能够促进作物的光合作用、呼吸作用等生理代谢过程，从而促进作物的生长和发育。

第二节　化肥减量增效的现状

一、化肥减量增效取得成效

目前，我国各地深入推进实施化肥使用量零增长行动，科学施肥理念不断强化，科学施肥技术不断创新，科学施肥措施不断落地，为粮食产量稳定在 1.3 万亿斤（2 斤 = 1 千克）以上、促进种植业绿色高质量发展提供了重要支撑。

（一）化肥用量连续下降

更大范围更高层次推进测土配方施肥，加快有机肥替代化肥，推广应用微生物肥料等新型肥料，农用化肥施用量连续 6 年保持下降。2021 年全国农用化肥施用量 5 191 万吨（折纯），比 2015 年减少 13.8%。

（二）施肥结构更加优化

制定水稻、小麦、玉米、油菜等作物氮肥定额用量，分农时分作物发布科学施肥技术意见，指导科学选肥用肥。氮、磷、钾施用比例由 2015 年的 1∶0.53∶0.36 调整到 1∶0.49∶0.42，控磷增钾效果明显，复合化率进一步提高。

（三）施肥方式不断改进

推广应用高效施肥技术，测土配方施肥技术覆盖率保持在 90% 以上，配方肥占三大粮食作物施肥总量的 60% 以上，盲目施肥和过量施肥现象得到基本遏制。

（四）化肥利用率明显提升

实施一批重点项目，推广一批科学施肥模式，2021 年我国水稻、小麦、玉米三大粮食作物化肥利用率达到 40% 以上，比 2015 年提高 5 个百分点。

（五）管理机制逐步完善

强化有机肥、微生物肥等新型肥料登记管理，将大量元素水溶肥料等7类肥料由登记改为备案，开展肥料质量监督抽查，加强肥料标准体系建设，引导肥料产业转型升级。

二、化肥减量增效的新要求

"十四五"时期是加快推进农业绿色发展的重要战略机遇期，推动农业绿色发展取得新的更大突破，对化肥减量增效提出更高的要求。

（一）稳粮保供任务更重

全方位夯实粮食安全根基，确保中国人的饭碗牢牢端在自己手中，是当前和今后一个时期农业农村工作的重点任务。推进投入品减量化，既要将不合理的化肥用量减下来，也不能以牺牲产量为代价，减量化工作面临新挑战。

（二）绿色发展要求更高

促进资源利用集约化、产业模式生态化、发展方式绿色化，是改善生态环境、促进农业绿色发展的主攻方向，加强推进化肥减量化是必然要求。

（三）科学施肥需求更迫切

我国农作物亩①均化肥用量仍高于世界先进水平，不同区域、不同作物、不同经营主体施肥不均衡还较为突出。化肥品种相对单一、氮肥磷肥不合理施用、中微量元素缺乏的问题尚未解决。有机肥资源还田率偏低。面对这些新形势、新要求，必须加大工作力度，采取综合措施，扎实推进化肥减量化工作。

---

① 1亩≈667米²，15亩=1公顷。全书同。

第三节　化肥减量增效的意义

一、显著降低农业生产成本

化肥是农业生产中最重要的投入品之一，减少化肥施用量可以降低农民的投入成本，提高农业生产的经济效益。同时，通过合理的施肥管理，可以实现肥料的科学配比和精准施肥，避免盲目施肥和过量施肥，进一步节约农业生产成本。

二、有助于减少环境污染

过量施肥会导致土壤和水资源的污染，对生态环境造成不良影响。通过减少化肥施用量和优化施肥方式，可以降低土壤和水资源的污染风险，保护生态环境的安全和健康。

三、促进农业生态的良性循环

合理的施肥管理可以提高土壤有机质含量和微生物活性，改善土壤结构，增强土壤肥力，为农作物的生长提供更好的条件。同时，通过生态农业、有机农业等可持续农业发展模式，可以实现农作物的绿色生产，促进农业生态的良性循环和可持续发展。

四、提高农产品的质量和安全性

合理的施肥管理可以提高农产品的营养价值和质量，提高消费者的购买意愿。同时，减少化肥施用量可以降低农产品中的农药残留和重金属含量，提高农产品的安全性，保障消费者的健康权益。

第二章　测土配方施肥技术

第一节　测土配方施肥技术概述

一、测土配方施肥的概念

农作物生长的根基是土壤，植物养分中的 60%~70% 是从土壤中吸收的。测土配方施肥技术是一种有效的施肥手段。它能够协调和解决作物需求、土壤供应和土壤培肥 3 方面的关系，实现各种养分全面均衡供应，最终达到优质高产、节支增收的目的。

测土配方施肥是农业技术人员运用现代农业的科学理论和先进的测试手段，为农业生产单位或农户提供科学施肥指导和服务的一种技术系统。测土配方施肥以土壤养分测试和肥料田间试验为基础，根据作物需肥规律、土壤供肥性能和肥料性质及肥料利用率，在合理施用有机肥的基础上，提出氮、磷、钾及中量、微量元素等肥料的施用品种、数量、施肥时期和施用方法，以满足作物均衡地吸收各种营养，同时维持土壤的肥力水平，减少养分流失和对土壤的污染，达到高产、优质和高效的目的。

测土配方施肥的主要内容可概括为 6 个字 3 个步骤，即"测土—配方—施肥"。

"测土"是配方施肥的基础，也是制定肥料配方的重要依据。能否将肥料施好，首先看能否将"测土"这个步骤做好，因此这一步骤很关键。它包括取土和化验分析两个环节，具体开展时要根据测土配方施肥的技术要求、作物种植和生长情况，选取重点区域、代表性地块进行有针对性的取样分析，这样才能正确测定土壤中的有关营养元素、摸清土壤肥力的详细情况，掌握好土壤的供肥性能。

"配方"是配方施肥的重点，即根据土壤中营养元素的含量和计划产量等提出施肥的种类和数量。通俗地讲，就是对土壤进行营养诊断，按照作物需要的营养种类和数量"开出药方并按方配药"。这一步骤既是关键又是重点，是整个技术的核心环节。其中心任务是根据土壤养分供应状况、作物状况和产量要求，在生产前的适当时间确定施用肥料的配方，即肥料的品种、数量与肥料的施用时间、施用方法。

"施肥"是配方施肥的最后一步，就是依据农作物的需肥特点确定基肥、种肥和追肥的用量，合理安排基肥、种肥和追肥的比例，规定施用时间和施用方法，以发挥肥料的最大增产作用。具体实施时有两种选择途径：一是直接使用已经制定好的配方肥料，由肥料经销商向农民供应制好的配方肥，使农民用上优质、高效、方便的"傻瓜肥"，省去个人配肥的烦琐工作；二是针对示范区农户地块和作物种植状况，制定"测土配方施肥建议卡"，在建议卡上写明具体的肥料种类及数量，农民可以根据配方建议卡自行购买各种肥料并配合施用。特别需要注意的是，这里所说的肥料包括农家肥和化肥。

二、测土配方施肥的内容

(一) 田间试验

田间试验是获得作物最佳施肥量、施肥时期、施肥方法的根本途径，也是筛选、验证土壤养分测试技术、建立施肥指标体系的基本环节。通过田间试验，掌握各个施肥单元不同作物的优化施肥量，基、追肥分配比例，施肥时期和施肥方法；摸清土壤养分校正系数、土壤供肥量、作物需肥量和肥料利用率等基本参数；构建作物施肥模型，为施肥分区和肥料配方提供依据。

（二）土壤测试

测土是制定肥料配方的重要依据之一，随着我国种植业结构的不断调整，高产作物品种不断涌现。施肥结构和数量发生了很大的变化，土壤养分库也发生了明显改变。通过开展土壤氮、磷、钾、中微量元素含量测试，了解土壤供肥能力状况。

（三）配方设计

肥料配方环节是测土配方施肥工作的核心。通过总结田间试验、土壤养分数据等，划分不同区域施肥分区；同时，根据气候、地貌、土壤、耕作制度等的相似性和差异性，结合专家经验，提出不同作物的施肥配方。

（四）校正试验

为保证肥料配方的准确性，最大限度地减少配方肥料批量生产和大面积应用的风险，在每个施肥分区单元，设置配方施肥、农户习惯施肥、空白施肥 3 个处理，以当地主要作物及其主栽品种为研究对象。对比配方施肥的增产效果，校验施肥参数，验证并完善肥料配方，改进测土配方施肥技术参数。

（五）配方加工

配方落实到农户田间是提高和普及测土配方施肥技术的最关键环节。目前不同地区有不同的模式，其中最主要、最具有市场前景的运作模式就是市场化运作、工厂化生产、网络化经营。这种模式适宜我国农村农民科技素质低、土地经营规模小、技物分离的现状。

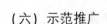

（六）示范推广

为了让测土配方施肥技术能够落实到田间地头，既要解决测土配方施肥技术市场化运作的难题，又要让广大农民亲眼看到实际效果。建立测土配方施肥示范区，为农民创建窗口，树立样板，全面展示测土配方施肥技术效果。推广"一袋子肥"模式，将测土配方施肥技术物化成产品，打破技术推广"最后一公里①"的"坚冰"。

（七）宣传培训

测土配方施肥技术宣传培训是提高农民科学施肥意识、普及技术的重要手段。农民是测土配方施肥技术的最终使用者，迫切需要向农民传授科学施肥方法和模式；同时，要加强对各级技术人员、肥料生产企业、肥料经销商的系统培训，逐步建立技术人员和肥料经销商持证上岗制度。

（八）效果评价

农民是测土配方施肥技术的最终执行者和落实者，也是最终的受益者。检验测土配方施肥的实际效果，及时获得农民的反馈信息，不断完善管理体系、技术体系和服务体系。同时，为科学地评价测土配方施肥的实际效果，必须对一定的区域进行动态调查。

（九）技术创新

技术创新是保证测土配方施肥工作长效性的科技支撑。重点开展田间试验方法、土壤养分测试技术、肥料配制方法、数据处理方法等方面的研发工作，不断提升测土配方施肥技术水平。

---

① 1公里＝1千米。

三、测土配方施肥的原则

（一）根据植物养分需求特性施用

不同作物其营养特性不尽相同，这主要体现在以下几个方面。首先，体现在作物对养分种类和数量的不同要求上。例如，谷类作物和以茎叶生产为主的麻、桑、茶及蔬菜作物，需要较多的氮；烟草和薯类作物喜钾忌氯；油菜、棉花和糖用甜菜需硼较多。其次，体现在作物对养分形态反应的不同上。例如，水稻和薯类作物，施用铵态氮较硝态氮效果好；棉花喜好硝态氮；烟草施用硝态氮利于其可燃性的提高。再次，体现在养分吸收能力不同上。例如，同一类型土壤中，禾本科植物吸收钾素的能力强，而豆科植物则吸收钙、镁等元素的能力较强。最后，体现在同一作物不同品种营养特性的差异上。例如，冬小麦中，狭叶、硬秆及植株低的品种，较其他品种养分需求量大，耐肥力强。因此，配方肥在施用过程中要充分考虑作物的这些特性，做到有针对性地施用肥料。

（二）根据土壤条件施用

土壤理化性状极其复杂，决定了其养分含量、质地、结构及酸碱性的不同，因而也影响着配方肥施用后的效果。因此，在施用配方肥过程中也要充分考虑这些因素。例如，在氮、磷元素缺乏，而钾素含量高的土壤，选用氮、磷含量高，无钾或低钾的配方肥。在养分含量低、黏粒缺乏的砂质壤土中，施用有机肥或在土壤中移动性小的专用配方肥；而在黏粒含量高、有机无机胶体丰富、养分吸附能力强的黏质土壤中，宜施用移动能力强的配方肥。土壤酸碱度对养分形态和可溶性影响较大，是配方肥施用过程中不得不考虑的因素，如偏碱的土壤宜选用以水溶性磷肥作原料的专用配方肥；酸性土壤宜选用弱酸性磷肥或以难溶性磷作原料的配方肥。

（三）根据气候条件施用

气候条件中对肥料起主要影响作用的是降水和温度。高温多雨的地区或季节，有机肥分解快，可施用一些半腐熟的有机肥，无机配方肥用量不宜过多，尽量避免施用以硝态氮为原料的配方肥，以免其随水下渗，淋溶出耕层，造成资源的浪费和环境污染。温度低、雨量少的地区和季节，有机肥分解慢、肥效迟，可施用腐熟程度高的有机肥或速效专用肥，且施用时间宜早不宜晚。

（四）根据配方肥的性质施用

配方肥种类较多，因此在施用过程中要充分考虑其养分种类与比例、养分含量与形态、养分可溶性与稳定性等因素。例如，铵态氮配方肥可作基肥也可作追肥，且应覆土深施，以防氨挥发损失；硝态氮配方肥一般作追肥，不作基肥，也不宜在水田中施用；含水溶性磷的配方肥，可作基肥和追肥，也可作根外追肥，适宜在吸磷能力差的作物上使用；含有难溶性磷或弱酸性的配方肥，一般只作基肥不作追肥。

（五）根据生产条件和技术施用

配方肥要达到好的施用效果，不可避免地要与当地生产习惯和经验相结合，与当地生产力水平相配合。在肥料配方原料的选择上，尽量考虑当地丰富、容易获得的原料，施肥措施方面尽量结合当地较成熟的方法与技术。在施用肥料的同时，做到与耕作、灌溉和病虫害防治等农艺措施有机结合。例如，在翻耕土地过程中结合配方肥的分层施用，可以有效补充下部土壤的养分，促进土壤平衡供肥；结合灌溉施用液态或可溶性配方肥，可促进养分溶解和向根迁移，有利于根系吸收。配方肥施用与病虫害防治相结合，可有效降低植株病虫害的发生率，促进植株对养分的吸收，充分发挥肥效。

第二节 测土配方施肥的方法

各地推广的测土配方施肥方法归纳起来有 3 类 6 种方法：第一类是地力分区法；第二类是目标产量法，包括养分平衡法和地力差减法；第三类是田间试验法，包括肥料效应函数法、养分丰缺指标法、氮磷钾比例法。

一、地力分区法

地力分区法的主要内容有两方面：首先根据地力情况，将田地分成不同的区或级；然后再针对不同区或级田块的特点进行配方施肥。

（一）根据地力分区（级）

分区（级）的方法，可以根据测土配方施肥土壤样本检测数据，按土壤养分测定值，划分出高、中、低不同的地力等级；也可以根据基础产量，划分若干肥力等级。在较大的区域内，可以根据测土配方施肥耕地地力评价，对农田进行分区划片，以每一个地力等级单元作为配方区。

（二）根据地力等级配方

由于不同配方区的地力有差别，应在分区的基础上，针对不同配方区的特点，根据土壤样点检测数据及田间试验结果，以及当地群众的实践经验，制定适合不同配方区的适宜肥料种类、用量和具体的实施方法。

二、目标产量法

目标产量配方法是根据作物产量的构成，按照土壤和肥料两

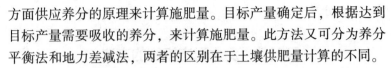

方面供应养分的原理来计算施肥量。目标产量确定后，根据达到目标产量需要吸收的养分，来计算施肥量。此方法又可分为养分平衡法和地力差减法，两者的区别在于土壤供肥量计算的不同。

（一）养分平衡法

养分平衡法，是通过施肥达到作物需肥和土壤供肥之间养分平衡的一种配方施肥方法。其具体内容：用目标产量的需肥量减去土壤供肥量，其差额部分通过施肥进行补充，以使作物目标产量所需的养分量与供应养分量之间达到平衡。

（二）地力差减法

地力差减法是利用目标产量减去基础产量来计算施肥量的一种方法。基础产量就是作物在不施任何肥料的情况下所得到的产量，又称空白产量。

三、田间试验法

选择有代表性的土壤，应用正交、回归等科学的试验设计，进行多年、多点田间试验，然后根据对试验资料的统计分析结果，确定肥料的用量和最优肥料配合比例的方法称为田间试验法。

（一）肥料效应函数法

不同肥料施用量对作物产量的影响，称为肥料效应。施肥量与产量之间的函数关系可用肥料效应方程式表示。此法一般采用单因素或双因素多水平试验设计为基础，将不同处理得到的产量进行数理统计，求得产量与施肥量之间的函数关系（即肥料效应方程式）。对肥料效应方程式进行分析，不仅可以直观地看出不同元素肥料的增产效应，以及其配合施用的联合效果，还可以分别计算出肥料的经济施用量（最佳施用量）、施肥上限和施肥下限，作为建议施肥量的依据。

（二）养分丰缺指标法

对不同作物进行田间试验，如果田间试验的结果能够验证土壤速效养分含量与作物吸收养分数量之间有良好的相关性，就可以把土壤养分的测定值按一定的级差划分成养分丰缺等级，提出每个等级的施肥量，制成养分丰缺及所施肥料数量检索表，然后只要取得土壤养分测定值，就可对照检索表按级确定肥料施用量，这种方法被称为养分丰缺指标法。

为了制定养分丰缺指标，首先要在不同土壤田地上安排田间试验，设置全肥区［如氮磷钾（NPK）］或缺肥区［如氮磷（NP）］两个处理，最后测定各试验地土壤速效养分的含量，并计算不同养分水平下的相对产量（如 NP/NPK×100%）。相对产量越接近 100%，施肥的效果越差，说明土壤所含养分越丰富。在实践中一般以相对产量作为分级标准。通常的分级指标：相对产量大于 95% 为"极丰"，85%～95% 为"丰"，75%～85% 为"中"，50%～75% 为"缺"，小于 50% 为"极缺"。在养分含量"极缺"或"缺"的田块施肥，肥效显著，增产幅度大；在养分含量"中"的田块，肥效一般，可增产 10% 左右；在养分含量"丰"或"极丰"田块施肥，肥效极差或无效。

（三）氮磷钾比例法

通过田间试验，确定氮、磷、钾三要素的最适用量，并计算出三者之间的比例关系。在实际应用时，只要确定了其中一种养分的用量，然后按照各种养分之间的比例关系，再决定其他养分的肥料用量，这种定肥方法叫氮磷钾比例法。

配方施肥的 3 类方法互相补充，并不互相排斥。形成一种具体的配方施肥方案时，可以以其中一种方法为主，参考其他方法，配合运用，这样可以吸收各种方法的优点，消除或减少采用一种方法的缺点，在产前确定更加符合实际的肥料用量。

第三节　配方肥料的合理施用

在养分需求与供应平衡的基础上，坚持有机肥料与无机肥料相结合；坚持大量元素与中量元素、微量元素相结合；坚持基肥与追肥相结合；坚持施肥与其他措施相结合。在确定肥料用量和肥料配方后，合理施肥的重点是选择肥料种类、确定施肥时期、比例和施肥方法等。

一、配方肥料种类

根据土壤性状、肥料特性、作物营养特性、肥料资源等综合因素确定肥料种类，可选用单质或复混肥料自行配制配方肥料，也可直接购买配方肥料。

二、施肥时期

根据作物阶段性养分需求特性、灌溉条件和肥料性质，确定施肥时期。植物生长旺盛和吸收养分的关键时期应重点施肥，有灌溉条件的地区应分期施肥。对作物不同时期的氮肥推荐量进行明确，有条件的区域应建立并采用实时监控技术。

三、施肥方法

根据作物种类、栽培方式、灌溉条件、肥料性质、施肥设备等确定适宜的施肥方法。常用的施肥方式有撒施后耕翻、条施、穴施等。例如，配方肥料一般作为基肥施用，撒施后结合整地翻入土壤。根据土壤供肥特点和作物需肥规律，合理确定基肥、追肥施用比例，因地、因苗、因水、因时分期施肥。在有条件的地方，推广肥料深施、种肥同播、水肥一体化等先进技术。

第四节　主要作物的科学施肥技术

一、粮油作物的科学施肥技术

（一）水稻

1. 施肥存在的主要问题

有机肥施用量少；氮肥施用量偏高，钾肥不足，平原区磷肥施用量偏高；施肥方法不当。

2. 施肥管理要点

（1）增施有机肥。施用农家肥 500~1 000 千克/亩或商品有机肥 100~200 千克/亩，秸秆直接还田量 200~400 千克/亩。

（2）增施钾肥。保证施用肥料中氧化钾（K_2O）含量不低于 4 千克/亩。

（3）控制磷肥的施用。根据前季作物种类及施肥情况控制好磷肥施用数量，为五氧化二磷（P_2O_5）3~4 千克/亩。

（4）因地因苗追肥。水稻返青后，看苗追施尿素 4~8 千克/亩。

（5）因需补充锌肥。在土壤缺锌区域，隔年亩施 1 千克七水硫酸锌。

3. 施肥建议

增施有机肥，控施氮肥，增施钾肥，增加追肥用量。氮肥 40%~50%作基肥、50%~60%作分蘖肥；有机肥与磷肥全部作基肥；钾肥 50%作基肥、50%作分蘖肥。在土壤缺锌区域，隔年施用硫酸锌 1 千克/亩。若基肥施用了有机肥，可酌情减少化肥用量。提倡施用配方肥。不同产量水平，氮、磷、钾肥施用量分别如下。

（1）目标产量 600 千克/亩以上，若前茬为油菜，施氮肥（N）10～12 千克/亩，磷肥（P_2O_5）3～4 千克/亩，钾肥（K_2O）4～5 千克/亩；若前茬为小麦，施氮肥（N）12～13 千克/亩，磷肥（P_2O_5）4～5 千克/亩，钾肥（K_2O）5～6 千克/亩。

（2）目标产量 500～600 千克/亩，若前茬为油菜，施氮肥（N）9～11 千克/亩，磷肥（P_2O_5）3～4 千克/亩，钾肥（K_2O）4～5 千克/亩；若前茬为小麦，施氮肥（N）10～12 千克/亩，磷肥（P_2O_5）4～5 千克/亩，钾肥（K_2O）4～5 千克/亩。

（3）目标产量 500 千克/亩以下，若前茬为油菜，施氮肥（N）7～9 千克/亩，磷肥（P_2O_5）2～3 千克/亩，钾肥（K_2O）3～4 千克/亩；若前茬为小麦，施氮肥（N）8～10 千克/亩，磷肥（P_2O_5）2～3 千克/亩，钾肥（K_2O）3～4 千克/亩。

4. 配方肥推荐

（1）高产区（目标产量＞600 千克/亩）：亩用 25～30 千克 50%（25-15-10）的配方肥作基肥，后期结合苗情，追施氮钾复混肥料（25-0-10）12～15 千克作分蘖肥，在缺锌区域隔年亩施 1 千克七水硫酸锌。

（2）中低产区（目标产量≤600 千克/亩）：亩用 25～30 千克40%（20-12-8）的配方肥作基肥，后期结合苗情，追施氮钾复混肥料（25-0-10）12～15 千克作分蘖肥，在缺锌区域隔年亩施 1 千克七水硫酸锌。

（二）玉米

1. 施肥存在的主要问题

有机肥施用量较少；氮肥施用量普遍偏低，钾肥不足，磷、钾肥施用时期和方式不合理；氮、磷、钾施用比例不合理；锌肥施用量偏少。

2. 施肥管理要点

（1）增施有机肥。施用农家肥 1 000~1 500 千克/亩。

（2）增施钾肥。保证施用肥料中 K_2O 含量不低于 5 千克/亩。

（3）因地因苗追肥。大喇叭口期，看苗追施尿素 10~15 千克/亩。

（4）因需补充锌肥。在土壤缺锌区域，隔年亩施 1 千克七水硫酸锌。

3. 施肥建议

增施有机肥；增加追肥比例和次数，适时追肥；针对性地施用锌肥。氮肥一般分基肥、提苗肥和攻苞肥，按 3 : 2 : 5 的比例施用，磷肥作基肥一次施入，钾肥基肥和提苗肥各 50%。在土壤缺锌区域基肥施用硫酸锌 1 千克/亩。若基肥施用了有机肥，可酌情减少化肥用量。钙质紫色土可适当减少钾肥用量。提倡施用配方肥。不同产量水平，氮、磷、钾肥施用量分别如下。

（1）目标产量 500 千克/亩以上，施氮肥（N）15 ~ 19 千克/亩，磷肥（P_2O_5）5 ~ 7 千克/亩，钾肥（K_2O）6~ 7 千克/亩。

（2）目标产量 400 ~ 500 千克/亩，施氮肥（N）13 ~ 15 千克/亩，磷肥（P_2O_5）4 ~ 6 千克/亩，钾肥（K_2O）4 ~ 5 千克/亩。

（3）目标产量 400 千克/亩以下，施氮肥（N）10 ~ 13 千克/亩，磷肥（P_2O_5）3 ~ 5 千克/亩，钾肥（K_2O）3~ 4 千克/亩。

4. 配方肥推荐

（1）中高产区（目标产量 ≥400 千克/亩）：亩用 40 ~ 50

千克45%（20-15-10）的配方肥作基肥，后期结合苗情，追施尿素5~8千克作提苗肥、12~15千克作攻苞肥，在缺锌区域隔年亩施1千克七水硫酸锌。

（2）低产区（目标产量<400千克/亩）：亩用40~50千克40%（15-15-10）的配方肥作基肥，后期结合苗情，追施尿素5~8千克作提苗肥、12~15千克作攻苞肥，在缺锌区域隔年亩施1千克七水硫酸锌。

（三）小麦（平原区）

1. 施肥存在的主要问题

有机肥施用量略有不足；钾肥施用量严重不足；用作基肥的氮肥施用量偏大。

2. 施肥管理要点

（1）增施有机肥。施用农家肥1 000~1 500千克/亩，秸秆直接还田量100~300千克/亩。

（2）增施钾肥。保证施用肥料中K_2O含量不低于4千克/亩。

（3）因地因苗追肥。分蘖期至拔节期，看苗追施尿素5~10千克/亩；抽穗至灌浆期，可叶面喷施0.4%~0.5%的磷酸二氢钾水溶液。

（4）因需补充微肥。在一些缺锰的地方，于拔节期、孕穗期和灌浆期用0.4%~0.5%的硫酸锰水溶液叶面喷施。

3. 施肥建议

增施有机肥料；在氮肥施用量偏低的地区，适当提高氮肥总用量，增加分蘖肥比例。氮肥50%~60%作基肥，40%~50%作分蘖肥；磷、钾肥全部作基肥。施用有机肥或种植绿肥翻压的田块，基肥用量可适当减少；在常年秸秆还田的地块，钾肥用量可适当减少。在土壤缺锰的地区，基施硫酸锰1千克/亩。提倡施用配方肥。不同产量水平，氮、磷、钾肥施用量分别如下。

（1）目标产量 300 千克/亩以上，施氮肥（N）9～12 千克/亩，磷肥（P_2O_5）4～6 千克/亩，钾肥（K_2O）5～6 千克/亩。

（2）目标产量 200～300 千克/亩，施氮肥（N）8～11 千克/亩，磷肥（P_2O_5）4～6 千克/亩，钾肥（K_2O）4～5 千克/亩。

4. 配方肥推荐

（1）高产区（目标产量≥300 千克/亩）：亩用45～60 千克 30%（12-8-9）的配方肥作基肥，后期结合苗情，追施尿素9～11 千克作提苗肥。

（2）中、低产区（目标产量200～300 千克/亩）：亩用40～50 千克30%（12-8-9）的配方肥作基肥，后期结合苗情，追施尿素9～11 千克作提苗肥。在缺锰区域亩施0.5～1.0 千克硫酸锰。

（四）油菜

1. 施肥存在的主要问题

有机肥施用量偏少；钾肥施用量严重不足，硼肥施用不普遍，基肥比例偏大。

2. 施肥管理要点

（1）增施有机肥。施用农家肥1 000～1 500 千克/亩或商品有机肥200～300 千克/亩，秸秆直接还田量300～500 千克/亩。

（2）增施钾肥。保证施用肥料中 K_2O 含量不低于 5 千克/亩。

（3）因地因苗追肥。在蕾薹期，看苗追施尿素4～8 千克/亩。

（4）因需补充硼肥。在土壤缺硼区域，施用硼砂0.5～1.0

千克/亩。

3. 施肥建议

增施有机肥；提高磷、钾肥用量，提高氮肥追肥比例。氮肥 20%～30%作基肥、30%～40%作提苗肥、30%～40%作薹肥；有机肥与磷肥全部作基肥；钾肥总量的 60%～70%作基肥、30%～40%作提苗肥。在土壤缺硼区域，施用硼砂 0.5～1.0 千克/亩。若基肥施用有机肥，可酌情减少化肥用量。提倡施用配方肥。不同产量水平，氮、磷、钾肥施用量分别如下。

（1）目标产量 150～200 千克/亩，施氮肥（N）12～14 千克/亩，磷肥（P_2O_5）5～6 千克/亩，钾肥（K_2O）4～6 千克/亩。

（2）目标产量 100～150 千克/亩，施氮肥（N）10～12 千克/亩，磷肥（P_2O_5）4～5 千克/亩，钾肥（K_2O）3～4 千克/亩。

（3）目标产量 100 千克/亩以下，施氮肥（N）9～10 千克/亩，磷肥（P_2O_5）4～5 千克/亩，钾肥（K_2O）2～3 千克/亩。

4. 配方肥推荐

（1）高产区（目标产量＞150 千克/亩）：亩用 35～40 千克 45%（15-15-15，含硼 0.2%）的配方肥作基肥，后期结合苗情，追施尿素 7～8 千克作提苗肥和 10～12 千克作薹肥。

（2）中低产区（目标产量 100～150 千克/亩）：亩用 35～40 千克 40%（15-15-10，含硼 0.2%）的配方肥作基肥，后期结合苗情，追施尿素 7～8 千克作提苗肥和 10～12 千克作薹肥。

（五）马铃薯

1. 施肥存在的主要问题

有机肥施用量少；磷、钾肥施用量不足。

2. 施肥管理要点

（1）增施有机肥。施用农家肥 1 000~1 500 千克/亩。

（2）增施钾肥。保证施用肥料中 K_2O 含量不低于 8 千克/亩。

（3）因地因苗追肥。团棵期，看苗追施尿素 10 ~ 15 千克/亩；现蕾期，看苗追施硫酸钾 5~10 千克/亩。

3. 施肥建议

增施有机肥；控施氮肥，增施磷、钾肥。宜选择低氯复混肥料，不宜施用氯化铵。氮肥 60%~70% 作基肥、30%~40% 作团棵期追肥；有机肥与磷肥全部基施；钾肥 50% 作基肥、50% 作现蕾期追肥。在钙质紫色土区域，适当增加磷肥用量，减少钾肥用量。若基肥施用有机肥，可酌情减少化肥用量。提倡施用配方肥。不同产量水平，氮、磷、钾肥施用量分别如下。

（1）目标产量 1 500 千克/亩以上，施氮肥（N）12 ~ 14 千克/亩，磷肥（P_2O_5）6 ~ 7 千克/亩，钾肥（K_2O）9 ~ 10 千克/亩。

（2）目标产量 1 000~1 500 千克/亩，施氮肥（N）10 ~ 12 千克/亩，磷肥（P_2O_5）6 ~ 7 千克/亩，钾肥（K_2O）7~8 千克/亩。

（3）目标产量 1 000 千克/亩以下，施氮肥（N）10 千克/亩，磷肥（P_2O_5）4 ~ 6 千克/亩，钾肥（K_2O）6~7 千克/亩。

二、果树的科学施肥技术

（一）甜橙（丘陵区）

1. 施肥存在的主要问题

农户施肥量差异较大，相当多农户施肥量存在不足，底肥施用重视不够，有机肥投入数量不足，施肥比例与分配时期不合理，肥料利用率低。

2. 施肥建议

注重施用有机肥，大力发展果园绿肥，特别是豆科绿肥，实施果园生草栽培；优化氮、磷、钾肥施用量、施用时期和分配比例；重视秋季采果肥的施用；根据土质条件，适当补充中微量元素；酸化严重的果园，适量施用石灰；pH>8.0的碱性土壤需要调酸，消除铁、锌、锰等营养元素缺乏问题；肥料集中穴施或沟施，施肥与水分管理和高产优质栽培技术结合，干旱季节应结合灌溉施肥。

（1）施肥量。1~3年幼树，每株可施氮（N）0.20~0.50千克、磷（P_2O_5）0.10~0.20千克。成年树一般每株可施氮（N）0.50~0.60千克、磷（P_2O_5）0.20~0.30千克、钾（K_2O）0.50~0.60千克。高产果树，每株可施氮（N）0.80~1.20千克、磷（P_2O_5）0.30~0.60千克、钾（K_2O）0.60~0.80千克。

（2）施肥时间。一般分3次施肥。第一次为基肥（采果肥），在采果前后施用，早熟品种可采前施，中、晚熟品种可在采后10天内施用，用量一般为20%~30%的氮肥、40%~50%的磷肥、20%~30%的钾肥、全部有机肥和镁肥、铁肥（碱性土）、锌肥；第二次为萌芽肥或花前肥，花萌芽前10天左右施用，用量为30%~40%的氮肥、30%~40%的磷肥、20%~30%钾肥；第三次为壮果肥，可在6—7月施用，用量为30%~40%的氮肥、20%~30%的磷肥、40%~50%钾肥。

（3）施肥方法。采用开沟、挖穴施肥方法，一般在树冠滴水线附近开沟、挖穴，施肥后覆土。缺硼、锌、铁的碱性土果园，每亩施用硼砂0.50~0.75千克、硫酸锌1.0~1.5千克、硫酸亚铁 2~3 千克；缺镁、硼、锌的酸性土果园，每亩施用硫酸镁 5~10 千克、硼砂 0.50~0.75 千克、硫酸锌 1.0~1.5 千克，与有机肥混匀后于秋季施用。中微量元素一般采用根外追肥，如缺硼土壤，初花期喷施 0.1%~0.2% 的硼砂溶液。土壤 pH<5.5 的果园，每亩施用硅钙肥或石灰 60~80 千克，50% 秋季施用，50% 夏季施用。

（二）梨树

1. 施肥存在的主要问题

有机肥施用量不足；氮、磷、钾肥施用比例不合理；梨园土壤磷、钾、钙、镁缺乏，中微量元素投入较少，忽视硼、锌等微肥施用；追肥施用不足，施肥方法、施肥时间不当。

2. 施肥建议

多施有机肥，培肥土壤；结合高产优质栽培技术、产量水平和土壤肥力条件，确定肥料施用时期、用量和配比；适当控制氮、磷肥用量，增加钾肥施用，协调氮、磷、钾肥比例，重视基肥施用，增加追肥用量；合理施用硼、锌、铁等微量元素肥料，可通过叶面喷施补充钙、镁、铁、锌、硼等中微量元素；土壤酸化严重的果园施用石灰和有机肥进行改良；优化施肥方式，改撒施为沟施或穴施，结合灌溉或粪水施肥，以水调肥。

氮肥一般分基肥、开花前追肥和果实膨大期追肥，按 1：0.5：1 的比例施用；磷肥作基肥一次施入；钾肥分两次施用，基肥占 60%、膨果肥占 40%。若基肥有机肥施用量大，可酌情减少化肥用量。提倡施用配方肥。

（1）施肥量。表 2-1 为梨树不同树龄和目标产量水平的肥料施用量。

表 2-1 梨树不同树龄和目标产量水平的肥料施用量

类型	目标产量（千克/亩）	肥料用量（千克/亩）			肥料分配		
		氮肥(N)	磷肥(P_2O_5)	钾肥(K_2O)	基肥（采果后落叶前施）	花前追肥	膨果期追肥
幼树	2 000	8~10	2~3	2.5~3.5			
结果树	2 000	18	9	15	有机肥 2 000 千克/亩或商品有机肥 7~8 千克/株；N：10 千克/亩；P_2O_5：9 千克/亩；K_2O：10 千克/亩	N：4 千克/亩	N：4 千克/亩；K_2O：5 千克/亩
	2 500	21	10	18	有机肥 2 500 千克/亩或商品有机肥 10 千克/株；N：11 千克/亩；P_2O_5：10 千克/亩；K_2O：12 千克/亩	N：4 千克/亩	N：6 千克/亩；K_2O：6 千克/亩
	3 000	25	12	21	有机肥 3 000 千克/亩或商品有机肥 12 千克/株；N：12 千克/亩；P_2O_5：12 千克/亩；K_2O：14 千克/亩	N：5 千克/亩	N：8 千克/亩；K_2O：7 千克/亩

（2）施肥时间。秋季果实采收后施基肥。追肥一般在 2 月底至 3 月初芽萌动前施春肥，6 月下旬施壮果肥。

（3）施肥方法。树体较小时一般采用环状沟施肥，施肥的位置以树冠的外围 0.3~0.5 米为宜，开宽 20~40 厘米、深 20~30 厘米的沟，将肥料与土壤适度混合后施入沟内，再将沟填平；成年梨树全园施肥并结合中耕将肥料翻入土中，或者放射状沟施肥。有机肥和磷、钾肥最好施入 20~30 厘米深的土壤深层。缺乏硼、锌、铁的梨树，于发芽前至盛花期可分别多次（隔 1 周施 1 次）叶面喷施 0.3%~0.4% 的硼砂、0.2% 硫酸锌+0.3%~0.5% 尿素混合液或 0.3% 硫酸亚铁+0.3%~0.5% 尿素混合液。

（三）葡萄

1. 施肥存在的主要问题

农户间施肥量差异较大；有机肥投入数量不足，氮、磷、钾施用量、施用时期及方法不尽合理；忽视中微量元素施用。

2. 施肥建议

增施有机肥，有机肥料与化肥相结合；优化氮、磷、钾肥用量和施用时期，改进施肥方法，基追结合，深施；适当补充中微量元素。有条件区域实施水肥一体化技术。

3. 施肥原则

葡萄施肥量应根据葡萄品种、单位面积产量、树龄、树势、土壤供肥性能等因素综合来确定。施肥上以氮、磷、钾肥为主，其施肥配方比例为 1 :（0.6~0.7）:（0.8~1.0），葡萄对镁、硼等元素较为敏感，需根据土壤分析结果配施其他缺乏的中微量元素肥料，以保证葡萄的高产、优质。一般目标产量 2 000~2 500 千克/亩，需施入氮（N）20~25 千克/亩、磷（P_2O_5）12.5~15.0 千克/亩、钾（K_2O）20~25 千克/亩。

4. 施肥方法

（1）基肥。一般在采果后的 9—10 月施入。基肥施用量占全年施肥总量的 50% 左右。通常每亩施腐熟农家肥 2 000~3 000 千克、尿素 10 千克、磷酸一铵 15 千克、硫酸钾 10 千克；也可以每亩施氮、磷、钾含量为 54%（17-17-17，硫基）的复合肥料 30~35 千克。施肥可在株间或行间附近开沟深施或穴施，要求沟深 50 厘米、宽 40 厘米，施肥后应及时浇水和覆土。

（2）追肥。对进入盛果期的成龄树，除秋冬施基肥外，每年应追肥 3 次，即萌芽肥、保果肥和壮果肥。萌芽肥在春季发芽前后施用，促进腋芽、新梢生长，以氮肥为主，通常每亩施尿素 15 千克、磷酸一铵 5 千克、硫酸钾 10 千克；或以高氮低磷、钾复合（混）肥料（25-5-10，硫基）为主，一般每亩可施30~35千克。促果肥在谢花后果实开始迅速膨大时（5月）进行，每亩施尿素15千克、磷酸一铵5千克、硫酸钾15千克；或以高氮低磷高钾复混肥料（16-8-16，硫基）复合肥料为主，一般每亩可施30~40千克。壮果肥在浆果期（7月）进行，每亩施尿素10千克、硫酸钾20千克；或以高氮低磷高钾复合（混）肥料（10-5-25，硫基）为主，一般每亩可施30~40千克。

（3）叶面喷肥。从展叶到采果前均可进行。在开花前5~7天喷施0.2%~0.3%的硼砂或硼酸，在花期至果实膨大期喷施0.2%~0.4%磷酸二氢钾，可连续喷2~3次，对促进枝叶生长、提高坐果率和果实品质均有明显的作用。

三、蔬菜的科学施肥技术

（一）辣椒

1. 施肥存在的主要问题

普遍重施氮肥，轻施磷、钾肥；重施化肥，轻施或不施有机肥，有机肥投入数量不足；忽视中微量元素肥料施用；氮、磷、钾施用量不合理，施肥比例与分配时期不合理。

2. 施肥建议

增施有机肥，优化氮、磷、钾合理施用量和施用时期，适当补充微量元素。移栽后到开花期前，促控结合，以薄肥勤浇方式施用；从始花到分枝坐果，除植株严重缺肥可略施速效肥外，应控制施肥，以防止落花、落叶、落果；幼果期和采收期要及时施用速效肥，以促进幼果迅速膨大。忌用高浓度肥料，忌湿土追肥，忌在中午高温时追肥，忌过于集中追肥。

（1）施肥量。表2-2为辣椒不同产量水平的肥料施用量。

表 2-2 辣椒不同产量水平的施用量 单位：千克/亩

目标产量	有机肥	氮肥（N）	磷肥（P_2O_5）	钾肥（K_2O）
≥4 000	1 800~2 300	18~20	9~10	15~18
2 000~4 000	1 300~1 800	15~18	8~9	13~15
1 500~2 000	800~1 300	14~15	7~8	11~13
1 200~1 500	500~800	13~14	6~7	10~12
<1 200	300~500	11~13	5~6	8~10

（2）施肥时间。露地辣椒，基肥可施有机肥 2 000~2 500千克/亩，并将 30%~40%氮肥、全部磷肥、60%~70%钾肥作基肥；氮肥的 60%~70%作追肥，分别在现蕾期、第一层果膨大期、盛花盛果期追施；钾肥 30%~40%在第一层果膨大期、盛花盛果期与氮肥同步追施。

（3）施肥方法。基肥总量的 60%在整地时翻入土中，40%在定植时沟施；追肥应穴施或开沟条施，并及时覆土。穴施时在两株辣椒之间开窝，采用"一管二"的方法施入后盖土，并浇水以利于吸收；条施时在两行之间开沟，施肥浇水后盖土。追肥后，必须浇水灌溉，以提高肥效，防止肥害。中微量元素可采用根外追肥，提高其有效性，如初花期喷施 0.1%~0.2%的硼砂溶液。在辣椒生长中期注意分别喷施适宜的叶面硼肥和叶面钙肥，防治辣椒脐腐病。

（二）大白菜

1. 施肥存在的主要问题

重化肥，轻有机肥，部分农户少施或不施有机肥；重大量元素，轻微量元素；施肥数量、时间和方法等不恰当；撒施、表施化肥现象普遍。

2. 施肥建议

以施用有机肥为主，合理配施氮、磷、钾肥，施基肥要做到化肥与有机肥混合深施，追肥要"少量多次"，避免长期施用单一化肥；提倡化肥深施或沟施覆土；酸性土壤要注重钙肥和硼肥的施用，中微量元素肥料常用叶面喷施补充。

（1）施肥量。表2-3所示的大白菜不同产量水平的施用量。

表2-3　大白菜不同产量水平的施用量　　单位：千克/亩

目标产量	有机肥	氮肥（N）	磷肥（P_2O_5）	钾肥（K_2O）
≥10 000	3 000~3 500	18~20	7~9	18~21
8 000~10 000	2 500~3 000	15~18	6~8	15~18
6 000~8 000	2 000~2 500	14~16	5~7	12~15
4 000~6 000	1 500~2 000	11~14	4~6	10~13
2 000~4 000	1 000~1 500	8~11	3~5	7~10
<2 000	500~1 000	5~8	2~4	6~8

（2）施肥时间。有机肥和全部磷肥作底肥；氮（尿素）全作追肥，苗肥占10%～15%、发棵肥占35%～40%、结球肥占50%；钾（硫酸钾）30%作底肥、70%作追肥（其中发棵肥占30%、结球肥占40%）。

（3）施肥方法。重施基肥。一般每亩施用有机肥不少于2 000千克，在耕地前先将有机肥或厩肥和过磷酸钙、硫酸钾（或45%的复混肥料）等撒在地表后深翻入土。

巧施提苗肥。子叶长出后，施少量的提苗肥，每亩约用尿素5千克加腐熟清粪水500千克。

施好发棵肥。在田间有少数植株开始团棵时施入，可结合粪水加尿素、硫酸钾一起施用。直播白菜应在植株边缘开8~10厘米的小沟内施入肥料，并回盖土；或用追肥枪兑水追施于离根7~8厘米处。

施好结球肥。在包心前5~6天施用结球肥，硫酸钾和尿素配合施用。在小行间开 8~10 厘米深沟，条施；或用追肥枪兑水追施于离根 7~8 厘米处。

　　根外追肥。在生长期喷施 0.3% 的氯化钙溶液或 0.25%~0.50% 的硝酸钙溶液，可降低干烧心发病率；在生长期内喷施 0.05%~0.10% 的钼酸铵溶液 2 次，可缓解大白菜缺钼症状的发生；在结球初期施 0.5%~1.0% 的尿素或 0.2% 的磷酸二氢钾溶液，可提高大白菜的商品价值。叶面喷施一般应在清晨或傍晚进行，喷后 4 小时内遇雨需补喷。

第三章　水肥一体化技术

第一节　水肥一体化概述

一、水肥一体化技术的概念

水肥一体化技术是指在水肥的供给过程中，最有效地实现水肥的同步供给，充分发挥两者的相互作用，在给作物提供水分的同时最大限度地发挥肥料的作用，实现水肥的同步供应。

水肥一体化技术就是水肥同时供应以满足作物生长发育的需要，根系在吸收水分的同时吸收养分。通俗地讲，水肥一体化技术就是把肥料溶解在灌溉水中，由灌溉管道输送给田间每一株作物，以满足作物生长发育的需要，如通过喷灌及滴灌管道施肥。

二、水肥一体化技术的优点

（一）节省劳动力

传统的沟灌、施肥费工费时，非常麻烦。水肥一体化技术是管网供水，操作方便，便于自动控制，减少了人工开沟、撒肥等过程，可明显节省劳力；灌溉是局部灌溉，大部分地表保持干燥，减少了杂草的生长，也就减少了用于除草的劳动力；水肥一体化可减少病虫害的发生，因此减少了用于防治病虫害、喷药等的劳动力；水肥一体化技术实现了种地无沟、无渠、无埂，大大减轻了水利建设的工程量。

（二）节水效果明显

水肥一体化技术可减少水分的下渗和蒸发，提高水分利用率。传统的灌溉方式，水的利用系数只有 0.45 左右，灌溉用水的一半以上流失或浪费了，而喷灌方式水的利用系数约为 0.75，滴灌水的利用系数可达 0.95。在露天条件下，微灌施肥与大水漫灌相比，节水率达 50% 左右。在保护地栽培条件下，滴灌施肥与畦灌施肥相比，每亩大棚一季可节水 80~120 米³，节水率为 30%~40%。

（三）节肥增效显著

利用水肥一体化技术可以方便地控制灌溉时间、肥料用量、养分浓度和营养元素间的比例，实现了平衡施肥和集中施肥。与手工施肥相比，水肥一体化的肥料用量是可量化的，作物需要多少施多少，同时将肥料直接施于作物根部，既加快了作物吸收养分的速度，又减少了挥发、淋失所造成的养分损失。水肥一体化技术具有施肥简便、施肥均匀、供肥及时、作物易于吸收、提高肥料利用率等优点。在作物产量相近或相同的情况下，水肥一体化技术与传统施肥技术相比可节省化肥 40%~50%。

（四）减轻病虫害

水肥一体化技术有效地减少了灌水量和水分蒸发，降低了土壤湿度和空气湿度，抑制了病菌、害虫的产生、繁殖和传播，在很大程度上减少了病虫害的发生，因此，也减少了农药投入和劳动力投入。与传统施肥技术相比，水肥一体化技术每亩农药用量可减少 15%~30%。

（五）改善微生态环境

水肥一体化技术除明显降低大棚内空气湿度和棚内温度外还

可以增强土壤微生物活性。滴灌施肥与常规畦灌施肥技术相比土壤温度可提高 2.7 ℃，有利于增强土壤微生物活性，促进作物对养分的吸收；有利于改善土壤物理性质，滴灌施肥克服了因灌溉造成的土壤板结问题，土壤容重降低，孔隙度增加，可有效地调控土壤根系的水渍化、盐渍化、土传病害等障碍。

（六）减少对环境的污染

水肥一体化技术严格控制灌溉用水量及化肥施用量，防止化肥淋洗到深层土壤，造成土壤和地下水的污染，同时可将硝酸盐产生的农业面源污染降到最低程度。此外，利用水肥一体化技术可以在土层薄、贫瘠、含有惰性介质的土壤上种植作物并获得最大的增产潜力，能够有效地开发利用丘陵地、山地、砂石、轻度盐碱地等边缘土地。

（七）增加产量、改善品质，提高经济效益

水肥一体化技术适时、适量地供给作物不同生育时期生长所需的养分和水分，明显改善作物的生长环境条件，因此，可促进作物增产，提高农产品的外观品质和营养品质；应用水肥一体化技术种植的作物，具有生长整齐一致、定植后生长恢复快、提早收获、收获期长、丰产优质、对环境气象变化适应性强等优点；通过水肥的控制可以根据市场需求提早市场供应或延长市场供应。

三、水肥一体化技术的缺点

（一）工程造价高

与地面灌溉相比，滴灌一次性投资和运行费用相对较高，其投资与作物种植密度和自动化程度有关，作物种植密度越大投资就越大，反之越小。使用自动控制设备会明显增加资金的投入，但是可降低运行管理费用，减少劳动力的成本，选用时可根据实际情况而定。

（二）技术要求高

水肥一体化对农民来说是一项新技术，涉及田间工程设计，设备选择、购买、安装、使用、维护及肥料选择等一系列问题。由于缺乏系统的培训，许多农户对此知之不多，担心无法掌握和正确使用，使用水肥一体化技术的积极性不高。

（三）灌水器容易堵塞

灌水器的堵塞是当前水肥一体化技术应用中最主要的问题，也是目前必须解决的关键问题。引起堵塞的原因有化学因素、物理因素，有时是生物因素。例如，磷酸盐类化肥，在适宜的 pH 条件下容易发生化学反应产生沉淀；对 pH 超过 7.5 的硬水，钙或镁会停留在过滤器中；当碳酸钙的饱和指数大于 0.5 且硬度大于 300 毫克/升时，也存在堵塞的危险；在南方一些用井水灌溉的地方，水中的铁质诱发的铁细菌会堵塞滴头；藻类植物、浮游动物也是堵塞物的来源，严重时会使整个系统无法正常工作，甚至报废。因此，灌溉对水质要求较严，一般均应经过过滤，必要时还需经过沉淀和化学处理。对于用于灌溉系统的肥料，应详细了解其溶解度等物理、化学性质，对不同类型的肥料应有选择地施用。在系统安装、检修过程中，若采取的方法不当，管道屑、锯末或其他杂质可能会从不同途径进入管网系统引起堵塞。对于这种堵塞，首先要加强管理，在安装、检修后应及时用清水冲洗管网系统，同时要加强过滤设备的维护。

（四）盐分容易积累

当在含盐量高的土壤上进行滴灌或是利用咸水灌溉时，盐分会积累在湿润区的边缘，如遇到小雨，这些盐分可能会被冲到作物根区而引起盐害，这时应继续进行灌溉，但在雨量充沛的地区，雨水可以淋洗盐分。在没有充分冲洗条件下的地方或是秋季

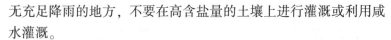

无充足降雨的地方，不要在高含盐量的土壤上进行灌溉或利用咸水灌溉。

(五) 根系生长可能受限

水肥一体化技术只湿润部分土壤，加之作物的根系有向水性，这样就会引起作物根系集中向湿润区生长。对于多年生作物来说，滴头位置附近根系密度增加，而非湿润区根系因得不到充足的水分供应其生长会受到一定程度的影响，尤其是在干旱、半干旱地区，根系的分布与滴头有着密切的联系，在没有灌溉就没有农业的地区，如我国西北干旱地区，应用水肥一体化技术时，应正确地布置灌水器。对于果树来说，少灌、勤灌的灌水方式会导致树木根系分布变浅，在风力较大的地区可能产生拔根危害。

第二节　水肥一体化设备的设计与安装

一、信息采集与规划

(一) 采集相关信息

1. 实施单位的信息采集

水肥一体化设施建设单位在构建方案时要与实施单位充分沟通，了解实施单位计划栽培的作物品种、种植面积、种植形式和管理模式；这些信息关系到管网布局和灌溉方案的确定，不同的经营模式，其生产管理方式不同，水肥灌溉设计要根据栽培管理模式并结合设计原则来确定，这样才能做到水肥一体化设施投资经济实惠，使用便捷又高效。

另外，要根据实施单位的投资意向、投资人文化素质来确定方案。针对科技示范型的，因其注重的是科技示范推广作用，应体现技术的先进性和领先性，方案要考虑应用推广效果和"门面"效应。这类设计要讲究设备布局的美观、细节的把握、设计的科学性，在严格按照国家和行业标准进行设计，做到合理规范。针对农场经营模式，以增产为主要目标的，设计上要体现大农业的效益，做到统一管理、方便操作、设备使用寿命长、后续维护费用低、设备使用技术简单实用、受配药和肥料浓度等技术性因素影响小、使用者容易接受，而且要求能安全生产。针对省工型的，因其种植面积不大，仅 10~20 亩，投资者自己是主要劳动力，这种设计要简单化，尽可能降低成本，设备操作简单，性能稳定，划分轮灌区的原则是 1~2 天之内完成施肥。

2. 田间数据采集

田间现场电源是决定水肥首部设备选型的必备条件，因此要了解动力资料，包括现有的动力、电力及水利机械设备情况（如电动机、柴油机、变压器）、电网供电情况、动力设备价格、电费和柴油价格等。要了解当地目前拥有的动力及机械设备的数量、规格和使用情况，了解输变电路线和变压器数量、容量及现有动力装机容量等。当地气候情况、降水量等因素决定水源的供应量，因此要详细了解当地的气候状况，包括年降水量及分配情况、多年平均蒸发量、月蒸发量、平均气温、最高气温、最低气温、湿度、风速、风向、无霜期、日照时数、平均积温、冻土层深度等。对微灌系统的水质要进行分析，以了解水质的泥沙、污染物、水生物、含盐量、悬浮物情况和 pH，以便采取相应的措施。另外，要了解水源与田间的距离，考虑分级供应情况，以及管道的口径设计。

3. 土壤地形资料

在规划之前要收集田间的地质资料，包括土壤类型及容重、土层厚度、土壤 pH、田间持水量、饱和含水量、永久凋萎系数、渗透系数、土壤结构及肥力（有机质含量等指标）等、地下水埋深和矿化度。对于盐碱地还包括土壤盐分组成、含盐量、盐渍化等。

田间地形特点也很重要，要掌握实施区的经纬度、海拔高度、自然地理特征等基本资料、绘制总体灌区图、地形图，图上应标明灌区内水源、电源、动力、道路等主要工程的地理位置。

4. 田间测量

田间测量是设计的重要环节，测量数据要尽量准确详细。要标清实施区的边界线，道路、沟渠布局，田间水沟宽、路宽都要测量，大棚设施要编号，标明朝向、间隔。

另外，还要收集实施区的种植作物种类、品种、栽培模式、种植比例、株行距、种植方向、日最大耗水量、生长期、耕层厚度、轮作倒茬计划、种植面积、种植分布图、原有的高产农业技术措施、产量及灌溉制度等。

（二）绘制田间布局图

依照田间测量的参数，综合用户意愿，选择合适的水肥一体化设施类型，绘制田间布局图和管网布局图。根据灌水器流量和每路管网的长度，建立水力损失表，分配干管、主管、支管的管径，结合水泵的功率等参数，确定并分好轮灌区，并在图上对管道和节点等进行编号，对应编号数值列表备查。最后配置灌溉首部设备和施肥设备。

（三）造价预算

综合上述结果，列出各部件清单，根据市场价格给出造价预算单。根据双方实际情况再进行优化修改、定稿。

二、设备安装与调试

（一）开沟挖槽及回填

1. 开挖沟槽

铺设管网的第一步是开沟挖槽，一般沟宽0.4米、深0.6米左右，呈"U"形，挖沟要平直，深浅一致，转弯处进行90°和135°处理。沟的坡面呈倒梯形，上宽下窄，防止泥土坍塌导致重复工作。在适合机械施工的较大场地，可以用机械施工，在田间需要人工作业。

开挖沟槽时，沟底设计标高上、下0.3米的原状土应予保留，禁止扰动，铺管前用人工清理，但一般不宜挖于沟底设计标高以下，如局部超挖，需用沙土或合乎要求的原土填补并分层夯实，要求最后形成的沟槽底部平整、密实、无坚硬物质。

当槽底为岩石时，应铲除至设计标高以下不小于0.15米，挖深部分用细沙或细土回填密实，厚度不小于0.15米；当原土为盐类时，应铺垫细沙或细土。

当槽底土质极差时，可将沟槽挖得深一些，然后在底部用沙填平、用水淹没后再将水吸掉（水淹法），使槽底具有足够的支撑力。

凡可能引起管道不均匀沉降地段，应对地基进行处理，并采取其他防沉降措施。

开挖沟槽时，如遇有管线、电缆时加以保护，并及时向相关单位报告，及时解决处理，以防发生事故造成损失。开挖沟槽土层要坚实，如遇松散的回填土、腐殖土或石块等，应进行处理，散土应挖出，重新回填，回填厚度不超过20厘米时进行碾压，腐殖土应挖出换填砂砾料，并碾压夯实，如遇石块，应清理出现场，换填土质较好的土回填。在开挖沟槽过程中，应对沟槽底部

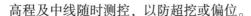

高程及中线随时测控，以防超挖或偏位。

2. 回填

在管道安装与铺设完毕后回填，回填的时间宜为一昼夜中气温最低的时刻，管道两侧及管顶以上 0.5 米内的回填土，不得含有碎石、砖块、冻土块及其他杂硬物体。回填土应分层夯实，一次回填高度宜 0.10~0.15 米，先用细沙或细土回填管道两侧，人工夯实后再回填第二层，直至回填到管顶以上 0.5 米处，沟槽的支撑应在保证施工安全情况下，按回填依次拆除，拆除竖板后，应以沙土填实缝隙。在管道或试压前，管顶以上回填土高度不宜小于 0.5 米，管道接头处 0.2 米范围内不可回填，以便观察试压时的情况。管道试压合格后的大面积回填，宜在管道内充满水的情况下进行。管道铺设后不宜长时间处于空管状态，管顶 0.5 米以上部分的回填土中允许有少量直径不大于 0.1 米的石块。采用机械回填时，要从管的两侧同时回填，机械不得在管道上方行驶。规范操作能使地下管道更加安全耐用。

（二）PVC 管道安装

与 PVC 管道配套的是 PVC 管件，管道和管件之间用专用胶水黏接，这种胶水能把 PVC 管材、管件表面融成胶状，在连接后物质相互渗透，72 小时后即可连成一体。因此，在涂胶的时候应注意胶水用量，不能太多，过多的胶水会沉积在管道底部，使管壁部分变软，降低管道应力，在遇到水锤等极端压力的时候，此处最容易破裂，不仅导致维修成本增高，还影响农业生产。

1. 截管

施工前按设计图纸的管径和现场核准的长度（注意扣除管、配件的长度）进行截管。截管工具选用割刀、细齿锯或专用断管机具；截口端面平整并垂直于管轴线（可沿管道圆周作垂直管轴标记再截管）；去掉截口处的毛刺和毛边并磨（刮）倒角（可选用中号砂纸、板锉或角磨机），倒角坡度宜为15°~20°，倒角长度约为1.0毫米（小口径）或2~4毫米（中口径、大口径）。

管材和管件在黏合前应用棉纱或干布将承口、插口处黏接表面擦拭干净，使其保持清洁，确保无尘沙与水迹。当表面沾有油污时需用棉纱或干布蘸丙酮等清洁剂将其擦净。棉纱或干布不得带有油腻及污垢。当表面黏附物难以擦净时，可用细砂纸打磨。

2. 黏接

（1）试插及标线。黏接前应进行试插以确保承口、插口配合情况符合要求，并根据管件实测承口深度在管端表面划出插入深度标记（黏接时需插入深度即承口深度），对中口径、大口径管道尤其需注意。

（2）涂胶。涂抹胶水时需先涂承口，后涂插口（管径≥90毫米的管道应同时涂刷），重复2~3次，宜先环向涂刷再轴向涂刷，胶水涂刷承口时由里向外，插口涂刷应为管端至插入深度标记位置，刷胶纵向长度要比待黏接的管件内孔深度要稍短些，胶水涂抹应迅速、均匀、适量，黏接时保持黏接面湿润且软化。涂胶时应使用鬃刷或尼龙刷，刷宽应为管径的1/3~1/2，并宜用带盖的敞口容器盛装，随用随开。

（3）连接及固化。承口、插口涂抹溶接剂后应立即找正方向将管端插入承口并用力挤压，使管端插入至预先划出的插入深度标记处（即插至承口底部），并保证承口、插接口的直度；同时需保持必要的施力时间（管径<63毫米的为30~60秒，管径≥63毫米的为1~3分钟），以防止接品滑脱。当插至1/2承口再往里插时宜稍加转动，但不应超过90°，不应插到底部后进行旋转。

（4）清理。承口、插口黏接后应将挤出的溶接剂擦净。黏

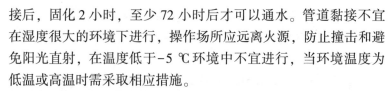

接后，固化 2 小时，至少 72 小时后才可以通水。管道黏接不宜在湿度很大的环境下进行，操作场所应远离火源，防止撞击和避免阳光直射，在温度低于−5 ℃环境中不宜进行，当环境温度为低温或高温时需采取相应措施。

（三）PE 管道安装

PE 管道采用热熔方式连接，有对接式热熔和承插式热熔，一般大口径管道（公称直径 100 毫米以上）都用对接热熔连接，有专用的热熔机，具体可根据机器使用说明进行操作。公称直径 80 毫米以下均可以用承插方式热熔连接，优点是热熔机轻便、可以手持移动；缺点是操作需要 2 人以上，承插后，管道热熔口容易过热缩小，影响过水。

1. 准备工作

管道连接前，应对管材和管件现场进行外观检查，符合要求方可使用。主要检查项目包括外表面质量、配件质量、材质的一致性等。管材管件的材质一致性直接影响连接后的质量。在寒冷气候（−5 ℃以下）和大风环境条件下进行连接时，应采取保护措施或调整连接工艺。管道连接时管端应洁净，每次收工时管口应临时封堵，防止杂物进入管内。热熔连接前后，连接工具回执面上的污物应用洁净棉布擦净。

2. 承插连接方法

此方法将管材表面和管件内表面同时无旋转地插入熔接器的模头中回执数秒，然后迅速撤去熔接器，把已加热的管子快速地垂直插入管件，保压、冷却、连接。连接流程：检查—切管—清理接头部位及划线—加热—撤熔接器—找正—管件套入管子并校正—保压、冷却。

（1）要求管子外径大于管件内径，以保证熔接后形成合适的凸缘。

（2）加热。将管材外表面和管件内表面同时无旋转地插入熔接器的模头中回执数秒，加热温度为 260 ℃。

（3）插接。管材管件加热到规定的时间后，迅速从熔接器的模头中拔出并撤去熔接器，快速找正方向，将管件套入管段至划线位置，套入过程中若发现歪斜应及时校正。

（4）保压、冷却。冷却过程中，不得移动管材或管件，完全冷却后才可进行下一个接头的连接操作。

热熔承插连接应符合下列规定：热熔承插连接管材的连接端应切割垂直，并应用洁净棉布擦净管材和管件连接面上的污物，标出插入深度，刮除其表皮；承插连接前，应校直两对应的待连接件，使其在同一轴线上；插口外表面和承口内表面应用热熔承插连接工具加热；加热完毕，连接件应迅速脱离承接连接工具，并应用均匀外力插至标记深度，使待连接件连接结实。

3. 热熔对接连接

热熔对接连接是将与管轴线垂直的两管子对应端面与加热板接触使之加热熔化，撤去加热板后，迅速将熔化端压紧，并保证压至接头冷却，从而连接管子。这种连接方式无需管件，连接时必须使用对接焊机。热熔对接连接一般分为 5 个阶段：预热阶段、吸热阶段、加热板取出阶段、对接阶段、冷却阶段。加热温度和各个阶段所需要的压力及时间应符合热熔连接机具生产厂和管材、管件生产厂的规定。连接程序：装夹管子—铣削连接面—回执端面—撤加热板—对接—保压、冷却。

（1）将待连接的两管子分别装夹在对接焊机的两侧夹具上，管子端面应伸出夹具 20～30 毫米，并调整两管子使其在同一轴线上，管口错边不宜大于管壁厚度的 10%。

（2）用专用铣刀同时铣削两端面，使其与管轴线垂直，待两连接面相吻合后铣削，然后用刷子、棉布等工具清除管子内外的碎屑及污物。

（3）当回执板的温度达到设定温度后，将加热板插入两端面间同时加热熔化两端面，加热温度和加热时间按对接工具生产厂和管材、管件生产厂的规定，加热完毕快速撤出加热板，接着操纵对接焊机使其中一根管子移动至两端面完全接触并形成均匀凸缘，保持适当压力直到连接部位冷却到室温。

热熔对接焊接时，要求管材或管件应具有相同熔融指数。另外，采用不同厂家的管件时，必须选择与之相匹配的焊机才能取得最佳的焊接效果。热熔连接保压、冷却时间，应符合热熔连接工具生产厂和管件、管材生产厂的规定，保证冷却期间不得移动连接件或在连接件上施加外力。

（四）滴灌设备安装与调试

作物的生物学特征各异，栽培的株距、行距也不一样，为了达到灌溉均匀的目的，要求滴灌带滴孔距离、规格、孔洞一样。通常滴孔距离为 15 厘米、20 厘米、30 厘米、40 厘米，常用的有 20 厘米、30 厘米。这就要求在滴灌设施实施过程中，需要考虑使用单条滴灌带首端和末端滴孔出水量均匀度相同且前后误差在 10% 以内的产品。在设计施工过程中，需要根据实际情况，选择合适规格的滴灌带，还要根据这种滴灌带的流量等技术参数，确定单条滴灌带的铺设最佳长度。

1. 滴灌设备安装

（1）灌水器选型。大棚栽培作物一般选用内镶滴灌带，规格 16 毫米×200 毫米（或 300 毫米），壁厚可以根据农户投资需求选择 0.2 毫米、0.4 毫米、0.6 毫米，滴孔朝上，平整地铺在畦面的地膜下面。

（2）滴灌带数量。可以根据作物种植要求和投资意愿，决定每畦铺设的条数，通常每畦至少铺设 1 条，2 条最好。

（3）滴灌带安装。铺设滴灌带时，先从下方拉出。由一人控制，另一人拉滴灌带，当滴管带略长于畦面时，将其剪断并将末端折叠并用细绳扎住，防止异物进入。首部连接旁通或旁通阀，要求滴灌带用剪刀裁平，如果附近有滴头，则剪去不要，把螺旋螺帽往后退，把滴灌带平稳套进旁通阀的口部，适当摁住，再将螺帽往外拧紧即可。将滴灌带尾部折叠并用细绳扎住，打活结，以方便冲洗（用专用堵头也可以，只是在使用过程中受水压、泥沙等影响，不容易拧开冲洗，直接用线扎住方便简单）。

把黑管连接总管，在三通出口处安装球阀，配置阀门井或阀门箱保护。整体管网安装完成后，通水试压，冲出施工过程中留在管道内的杂物，调整缺陷处，然后关水，滴灌带装上堵头。

2. 设备使用技术

（1）滴灌带通水检查。在滴灌带受压出水时，正常滴孔的出水是呈滴水状的，如果有其他洞孔，出水是呈喷水状的，在膜下会有水柱冲击的响声，所以要巡查各处，检查是否有虫咬或其他机械性破洞，发现后及时修补。在滴灌带铺设前，一定要对畦面的地下害虫或越冬害虫进行一次灭杀。

（2）灌水时间。初次灌水时，由于土壤团粒疏松，水滴容易直接往下顺着土块孔隙流到沟中，没能在畦面实现横向湿润。所以要短时间、多次、间歇灌水，让畦面土壤形成毛细管，促使水分横向湿润。

瓜果类作物在营养生长阶段，要适当控制水量，防止枝叶生长过旺影响结果。在作物挂果后，滴灌时间要根据滴头流量、土壤湿度、施肥间隔等情况决定。一般在土壤较干时滴灌 3~4 小时，而当土壤湿度居中，仅以施肥为目的时，水肥同灌约 1 小时较合适。

（3）清洗过滤器。每次灌溉完成后，需要清洗过滤器。每灌溉 3~4 次后，特别是水肥灌溉后，需要把滴灌带堵头打开冲水，将残留在管壁内的杂质冲洗干净。作物采收后，集中冲水一次，收集备用。如果是在大棚内，只需要把滴灌带整条拆下，挂到大棚边的拱管上即可，下次使用时再铺到膜下。

（五）首部设备安装与调试

1. 负压变频供水设备安装

负压变频供水设备安装应符合控制柜对环境的要求，柜前后应有足够的检修通道，进入控制柜的电源线径、控制柜前级的低压柜的容量应有一定的余量，各种检测控制仪表或设备应安装于系统贯通且压力较稳定处，这样不会对检测控制仪表或设备产生明显的不良影响。如要安装于高温（高于 45 ℃）或具有腐蚀性的地方，在签订订货单时应作具体说明。在安装时发现安装环境不符合时，应及时与原供应商取得联系进行更换。

水泵安装应注意进水管路无泄漏，地面应设置排水沟，并应配备必需的维修设施。水泵安装尺寸见各类水泵安装说明书。

2. 潜水泵安装

（1）安装方法。拆下水泵上部出水口接头，用法兰连接止回阀，止回阀箭头指向水流方向。管道垂直向上伸出池面，经弯头引入泵房，在泵房内与过滤器连接，在过滤器前开一个公称直径为 20 毫米的施肥口，连接施肥泵，前后安装压力表。水泵在水池底部需要垫高 0.2 米左右，防止淤泥堆积，影响散热。

（2）施肥方法。第一步，开启电机，使管道正常供水，压力稳定。第二步，开启施肥泵，调整压力，开始注肥，注肥时需要有操作人员照看，随时关注压力变化及肥量变化，注肥管压力要比出水管压力稍大一些，保证能让肥液注进出水管，但压力不能太大，以免引起倒流，肥料注完后，再灌 15 分钟左右的清水，把管网内的剩余肥液送到作物根部。

3. 离心自吸泵安装

（1）安装使用方法。一般包括如下 5 步。第一步，建造水泵房和进水池，泵房占地 3 米×5 米以上，并安装一扇防盗门，进水池 2 米×3 米。

第二步，安装 ZW 型卧式离心自吸泵，进水口连接进水管到进水池底部，出口连接过滤器，一般 2 个并联。外装水表、压力表及排气阀（排气阀安装在出水管墙外位置，水泵启停时排气阀会溢水，保持泵房内不被水溢湿）。

第三步，安装吸肥管，在吸水管三通处连接阀门，再接过滤器，过滤器与水流方向要保持一致，连接钢丝软管和底阀。

第四步，配 3 只施肥桶，每只容量 200 升左右，通过吸肥管分管分别放进各肥料桶内，可以在吸肥时把不能同时混配的肥料分桶吸入，在管道中混合。

第五步，控制施肥浓度，根据进出水管的口径，配置吸肥管的口径，保持施肥浓度为 5%~7%。通常 4″进水管、3″出水管水泵配 1″吸肥管，最后施肥浓度在 5%左右。肥料的吸入量始终随水泵流量而改变，而且保持相对稳定的浓度。田间灌溉量大，即流量大，吸肥速度也随之增加，反之，吸肥速度减慢，始终保持浓度相对稳定。

（2）注意事项。施肥时要保持吸肥过滤器和出水过滤器畅通，如遇堵塞，应及时清洗；施肥过程中，当施肥桶内肥液即将吸干时，应及时关闭吸肥阀，防止空气进入泵体产生气蚀。

第三节 水肥一体化技术操作规程

一、准备工作

使用前的准备工作主要是检查系统是否按设计要求安装到位，检查系统主要设备和仪表是否正常，对损坏或漏水的管段及配件进行修复。

（一）检查水泵与电机

检查水泵与电机所标示的电压、频率与电源电压是否相符，检查电机外壳接地是否可靠，检查电机是否漏油。

（二）检查过滤器

检查过滤器安装位置是否符合设计要求，是否有损坏，是否需要冲洗。介质过滤器在首次使用前，在罐内注满水并放入一包氯球，搁置30分钟后按正常使用方法各反冲一次。此次反冲可预先搅拌介质，使之颗粒松散，接触面展开。然后充分清洗过滤器的所有部件，紧固所有螺丝。离心式过滤器冲洗时先打开压盖，将沙子取出冲净即可。网式过滤器手工清洗时，扳动手柄，放松螺杆，打开压盖，取出滤网，用软刷子刷洗筛网上的污物并用清水冲洗干净。叠片过滤器要检查和更换变形叠片。

（三）检查肥料罐或注肥泵

检查肥料罐或注肥泵的零部件和与系统的连接是否正确，清除罐体内的积存污物以防进入管道系统。

（四）检查其他部件

检查所有的末端竖管是否有折损或堵头丢失。前者取相同零件修理，后者补充堵头。检查所有阀门与压力调节器是否启闭自如，检查管网系统及其连接微管，如有缺损应及时修补。检查进

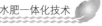

排气阀是否完好，并打开。关闭主支管道上的排水底阀。

（五）检查电控柜

检查电控柜的安装位置是否得当。电控柜应避免阳光照射，并单独安装在隔离单元，要保持电控柜房间的干燥。检查电控柜的接线和保险是否符合要求，是否有接地保护。

二、灌溉操作

水肥一体化系统包括单户系统和组合系统。组合系统需要分组轮灌。系统的简繁不同、灌溉作物和土壤条件不同都会影响到灌溉操作。

（一）管道充水试运行

在灌溉季节首次使用时，必须进行管道充水冲洗。充水前应开启排污阀或泄水阀，关闭所有控制阀门，在水泵运行正常后缓慢开启水泵出水管道上的控制阀门，然后从上游至下游逐条冲洗管道，充水中应观察排气装置工作是否正常。管道冲洗后应缓慢关闭泄水阀。

（二）水泵启动

要保证发动机在空载或轻载下启动。启动水泵前，首先关闭总阀门，并打开准备灌水的管道上所有排气阀排气，然后启动水泵向管道内缓慢充水。启动后观察和倾听设备运转是否有异常声音，在确认启动正常的情况下，缓慢开启过滤器及控制田间灌溉所需轮灌组的田间控制阀门，开始灌溉。

（三）观察压力表和流量表

观察过滤器前后的压力表读数差异是否在规定的范围内，压差读数达到 7 米水柱（7×10^4 帕），说明过滤器内堵塞严重，应停机冲洗。

（四）冲洗管道

新安装的管道（特别是滴灌管）第一次使用时，要先放开管道末端的堵头，充分放水冲洗各级管道系统，把安装过程中积聚的杂质冲洗干净后，封堵末端堵头，然后才能使用。

（五）田间巡查

要到田间巡回检查轮灌区的管道接头和管道是否漏水，各个灌水器是否正常。

三、施肥操作

施肥过程是伴随灌溉同时进行的，施肥操作在灌溉进行 20~30 分钟后开始，并确保在灌溉结束前 20 分钟以上的时间内结束，这样可以保证对灌溉系统的冲洗和尽可能地减少化学物质对灌水器的堵塞。

施肥操作前要按照施肥方案将肥料准备好，对于溶解性差的肥料可先将肥料溶解在水中。不同的施肥装置在操作细节上有所不同。

（一）泵吸肥法

根据轮灌区的面积或果树的株数计算施肥量，然后倒入施肥池。开动水泵，放水溶解肥料。打开出肥口处开关，肥料被吸入主管道。通常面积较大的灌区吸肥管用 50~70 毫米的 PVC 管，方便调节施肥速度。一些农户出肥管管径太小（25 毫米或 32 毫米），当需要加速施肥时，则因管径太小无法实现。对较大面积的灌区（如 500 亩以上），可以在肥池或肥桶上画刻度。一次性将当次的肥料溶解好，然后通过刻度分配到每个轮灌区。假设一个轮灌区需要一个刻度单位的肥料，当肥料溶液到达一个刻度时，立即关闭施肥开关，继续灌溉冲洗管道。冲洗完后打开下一个轮灌区，打开施肥池开关，等到达第二个刻度单位表示第二轮灌区施肥结束，依次进行操作。采用这种办法对大型灌区进行施肥可以提高工作效率、减轻劳动强度。

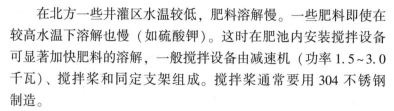

在北方一些井灌区水温较低，肥料溶解慢。一些肥料即使在较高水温下溶解也慢（如硫酸钾）。这时在肥池内安装搅拌设备可显著加快肥料的溶解，一般搅拌设备由减速机（功率1.5~3.0千瓦）、搅拌桨和同定支架组成。搅拌桨通常要用304不锈钢制造。

（二）泵注肥法

南方地区的果园，通常都有打药机。许多果农利用打药机作注肥泵用。具体做法：在泵房外侧建一个砖水泥结构的施肥池，一般3~4米^3，通常高1米、长宽均2米。以不漏水为质量要求。池底最好安装一个排水阀门，方便清洗、排走肥料池的杂质。施肥池内侧最好用油漆画好刻度，以0.5米^{3}为一格。安装一个吸肥泵将池中溶解好的肥料注入输水管。吸肥泵通常用旋涡自吸泵，扬程须高于灌溉系统设计的最大扬程，通常的参数：电源220伏或380伏，0.75~1.1千瓦，扬程50米，流量3~5米^3/时，这种施肥方法肥料可以看见有没有施完，方便调节施肥速度。它适合用于时针式喷灌机、喷水带、卷盘喷灌机等灌溉系统。它克服了压差施肥罐的所有缺点，特别是在使用地下水的情况下，由于水温低（9~10 ℃），肥料溶解慢，可以提前放水升温，自动搅拌溶解肥料。通常减速搅拌机的电机功率为1.5千瓦。搅拌装置用不生锈材料做成倒"T"形。

（三）压差式施肥罐

1. 压差式施肥罐的运行

压差式施肥罐的操作运行顺序如下。

第一步，根据各轮灌区具体面积或作物株数计算好当次施肥的数量。称好或量好每个轮灌区的肥料。

第二步，用2根各配1个阀门的管子将旁通管与主管接通，为便于移动，每根管子上可配快速接头。

第三步，将液体肥直接倒入施肥罐，若用固体肥料则应先行单独溶解并通过滤网注入施肥罐。有些用户将固体肥直接投入施肥罐，使肥料在灌溉过程中溶解，这种情况下用较小的罐即可，但需要用5倍以上的水量以确保所有肥料被用完。

第四步，注完肥料溶液后，扣紧罐盖。

第五步，检查旁通管的进、出口阀均关闭而节制阀打开，然后打开主管道阀门。

第六步，打开旁通进、出口阀，然后慢慢地关闭节制阀，同时注意观察压力表，得到所需的压差 [1~3 米水柱（$1×10^4$~$3×10^4$ 帕）]。

第七步，对于有条件的用户，可以用电导率仪测定施肥所需的时间。施肥完后关闭进口阀门。

第八步，要施下一罐肥时，必须排掉部分罐内的积水。在施肥罐进水口处应安装一个 1/2″ 的进排气阀或 1/2″ 的球阀。在打开罐底的排水开关前，应先打开排气阀或球阀，否则水排不出去。

2. 压差式施肥罐施肥时间监测方法

压差式施肥罐是按数量进行施肥，开始施肥时流出的肥料浓度高，随着施肥的进行，罐中肥料越来越少，浓度越来越稀。灌溉施肥的时间取决于肥料罐的容积及其流出速率。

$$T = 4V/Q \qquad (3-1)$$

式中，T 为施肥时间（小时）；V 为肥料罐容积（升）；Q 为流出液速率（升/时）；4 是转换系数，如 120 升肥料溶液需 480 升水流入肥料罐中才能把肥料全部带入灌溉系统中。

例如，一肥料罐容积 220 升，施肥历时 2 小时，求旁通管的流量。根据公式（3-1），在 2 小时内必须有 880（4×220）升水流过施肥罐，故旁通管的流量应不低于：

880/2＝440（升/时）

施肥罐的容积是固定的，当需要加快施肥速度时，必须使旁通管的流量增大，此时要把节制阀关得更紧一些。

了解施肥时间对应用压差式施肥罐施肥具有重要意义。当施下一罐肥时必须将罐内的水放掉 1/2～2/3，否则无法加放肥料。如果对每一罐的施肥时间不了解，可能会出现肥未施完即停止施肥，将剩余肥料溶液排走而浪费肥料；或肥料早已施完但心中无数，盲目等待，当单纯为施肥而灌溉时，会浪费水和电，增加施肥成本。特别在雨季或土壤不需要灌溉而只需施肥时更需要加快施肥速度。

3. 压差式施肥罐使用注意事项

使用压差式施肥罐时，应注意以下事项。

（1）当罐体较小时（小于 100 升），固体肥料最好溶解后再倒入肥料罐，否则可能会堵塞罐体，特别是在压力较低时更容易出现这种情况。

（2）有些肥料可能含有一些杂质，倒入施肥罐前先溶解过滤，滤网 100～120 目（孔径 0.125～0.149 毫米）。如直接加入固体肥料，必须在肥料罐出口处安装一个 1/2″的筛网过滤器，或者将肥料罐安装在主管道的过滤器之前。

（3）每次施完肥后，应对管道用灌溉水冲洗，将残留在管道中的肥液排出。一般滴灌系统 20～30 分钟，微喷灌 5～10 分钟。如有些滴灌系统轮灌区较多，而施肥要求在尽量短的时间内完成，可考虑测定滴头处电导率的变化来判断清洗的时间。一般的情况是一个首部的灌溉面积越大，输水管道越长，冲洗的时间也越长。冲洗是个必需过程，因为残留的肥液存留在管道和滴头处，极易滋生青苔等低等植物，堵塞滴头；在灌溉水硬度较大时，残存肥液在滴头处形成沉淀，造成堵塞。及时的冲洗基本可

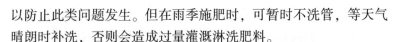

以防止此类问题发生。但在雨季施肥时，可暂时不洗管，等天气晴朗时补洗，否则会造成过量灌溉淋洗肥料。

（4）肥料罐需要的压差由入水口和出水口间的节制阀获得。因为灌溉时间通常多于施肥时间，不施肥时节制阀要全开。经常性的调节阀门可能会导致每次施肥的压力差不一致（特别是当压力表量程较大时，判断不准），从而使施肥时间把握不准确。为了获得一个恒定的压力差，可以不用节制阀，代之以流量表（水表）。水流流经水表时会造成一个微小压差，这个压差可供施肥罐用。当不施肥时，关闭施肥罐两端的细管，主管上的压差仍然存在。在这种情况下，不管施肥与否，主管上的压力都是均衡的。但是，这个由水表产生的压差是均衡的，故无法调控施肥速度，所以只适合深根作物。对于浅根系作物，在雨季要加快施肥时，这种方法不适用。

（四）重力自压式施肥法

施肥时先计算好每个轮灌区需要的肥料总量，倒入混肥池，加水溶解，或溶解好直接倒入。打开主管道的阀门，开始灌溉。然后打开混肥池的管道，肥液即被主管道的水流稀释带入灌溉系统。通过调节球阀的开关位置，可以控制施肥速度。当蓄水池的液位变化不大时（丘陵山地果园许多情况下一边灌溉一边抽水至水池），施肥的速度可以相当稳定，保持一恒定养分浓度。如采用滴灌施肥，施肥结束后需继续灌溉一段时间，冲洗管道；如拖管淋水肥则无此必要。通常混肥池用水泥建造，坚固耐用，造价低。也可直接用塑料桶作混肥池用。有些用户直接将肥料倒入蓄水池，灌溉时将整池水放干净。但是，蓄水池通常体积很大，要彻底放干水很不容易，会残留一些肥液在池中；加上池壁清洗困难，也有养分附着。当重新蓄水时，极易滋生青苔等低等植物，堵塞过滤设备。应用重力自压式灌溉施肥，当采用滴灌时，一定要将混肥池和蓄水池分开。

（五）文丘里施肥器

虽然文丘里施肥器可以按比例施肥，在整个施肥过程中保持恒定养分浓度，但在制定施肥计划时仍要进行施肥数量计算。比如一个轮灌区需要的肥料数量要事先计算好。如用液体肥料，则将所需体积的液体肥料加到储肥罐（或桶）中；如用固体肥料，则先将肥料溶解配成母液，再加入储肥罐，或直接在储肥罐中配制母液。当一个轮灌区施完肥后，再安排下一个轮灌区。

当需要连续施肥时，对每一个轮灌区先计算好施肥量。在确定施肥恒定速度的前提下，可以通过记录施肥时间或观察施肥桶内壁上的刻度来为每一个轮灌区定量。对于有辅助加压泵的施肥器，在了解每个轮灌区施肥量（肥料母液体积）的前提下，安装一个定时器来控制加压泵的运行时间。在自动灌溉系统中，可通过控制器控制不同轮灌区的施肥时间。当整个施肥可在当天完成时，可以统一施肥后再冲洗管道，否则必须将施过肥的管道当日冲洗。

四、轮灌组更替

根据水肥一体化灌溉施肥制度，观察水表水量，达到要求的灌水量时，更换下一个轮灌组地块，注意不要同时打开所有分灌阀。首先打开下一个轮灌组的阀门，再关闭第一个轮灌组的阀门，进行下一个轮灌组的灌溉，操作步骤按以上重复。

五、停止灌溉

所有地块灌溉施肥结束后，先关闭灌溉系统水泵开关，然后关闭田间的各开关。对过滤器、施肥罐、管路等设备进行全面检查，达到下一次正常运行的标准。注意冬季灌溉结束后要把田间位于主支管道上的排水阀打开，将管道内的水尽量排净，以避免管道留有积水冻裂管道，此阀门冬季不必关闭。

第四节　主要农作物的水肥一体化技术

一、玉米水肥一体化技术应用

（一）玉米需水规律

玉米适应性强，对土壤的适应性较广，砂土、壤土、黏土均可栽培。玉米是需水较多的作物，各生育阶段的需水情况如下。

1. 播种期

半干旱地区，春季降水量少，气候干燥，风多风大，土壤失水较多，一般播种期，耕层内土壤含水量绝大多年份低于种子发芽对水分的要求。提供种子发芽到出苗的适宜土壤水分是达到苗全苗壮的关键，采用早春覆膜前灌溉保湿覆膜或盖膜后滴灌均可。确保在播种前有适宜的水分状况，灌溉水量以 25~30 米³/亩为宜。如播后灌溉应该严格掌握灌水量，不要过多，以免造成土温过低影响出苗。

2. 苗期

玉米苗期的需水量并不多，以土壤含水量占田间持水量的 60% 为宜，低于 60% 必须进行苗期灌溉。灌水定额 15~20 米³/亩。地膜覆盖的玉米底墒足，苗期也可不灌水，通过控制灌水进行蹲苗，使植株基部节间短，发根多、株体敦实粗壮，增加后期抗旱抗倒伏能力，为增产打下良好基础。

蹲苗一般于出苗后开始，至拔节前结束，持续时间 1 个月左右，是否需要灌水，具体应根据品种类型、苗情、土壤墒情等灵活掌握。蹲苗期间中午打绺、傍晚又能展平的地块不急于灌水，如果傍晚叶子不能复原应灌 1 次保苗水。

3. 拔节期

玉米出苗 35 天左右即开始拔节。拔节孕穗期植株生长迅速，这个时期气温高、植株叶面蒸腾强，土壤水分供应要充分，如果缺水受旱植株发育不良，影响幼穗的正常分化，甚至雌穗不能形成果穗，造成空秆，雄穗则不能抽出，带来严重减产。这期间土壤含水量在田间持水量的 65% 以下时就应及时灌发育水，使植株根系生长良好、茎秆粗壮，有利于幼穗的分化发育，从而形成大穗。拔节初期灌溉时，灌水定额应控制在 20~30 米^3/亩。

4. 灌浆成熟期

抽穗开花期是玉米生理需水高峰期，天然降水与作物需水大致相当，但这个时期应特别注意缺水现象。发现缺水要及时灌溉补充。根据实践总结和研究表明，灌浆期进入籽粒中的养分，不缺水比缺水的可增加 2 倍多。

（二）玉米需肥规律

玉米植株高大、茎叶繁茂，是需肥较多的作物。单位面积玉米对氮、磷、钾吸收的量较高，其中吸收量最大时期是在拔节期至抽雄期，分别要吸收 46.5% 的氮、44.9% 的磷和 68.2% 的钾，因此，此时期保证养分的充分供给是非常重要的。此外，授粉至乳熟期玉米对养分仍然保持较高的需求，是形成产量的关键期。玉米一生中吸收的氮最多，钾次之，磷相对较少。具体的氮、磷、钾施肥量应根据土壤养分测定情况确定，施肥一般原则：以基肥为主，以种肥、追肥为辅。

（三）玉米水肥一体化技术方案

表 3-1 是制种玉米膜下滴灌施肥方案，可供相应地区生产使用参考。

表 3-1　制种玉米膜下滴灌施肥方案

生育时期	滴灌次数	灌溉定额 [米³/（亩·次）]	每次灌溉加入的纯养分量（千克/亩）			
			N	P$_2$O$_5$	K$_2$O	N+P$_2$O$_5$+K$_2$O
春季	1	225	0.0	0	0	0.0
播种前			21.0	9	6	36.0
定植	1	18	0.0	0	0	0.0
拔节	2	18	2.3	0	0	2.3
抽穗	2	18	4.6	0	0	4.6
吐丝	1	20	4.6	0	0	4.6
灌浆	3	20	4.6	0	0	4.6
蜡熟期	1	18	0.0	0	0	0.0
合计	11	413	37.1	9	6	52.1

应用说明如下。

（1）本方案适用于西北干旱地区，土壤为灌漠土，土壤 pH 为 8.1，有机质、有效磷含量较低，速效钾含量较高。种植模式采用一膜一管二行，不起垄，行距 110 厘米，株距 25 厘米，亩保苗 4 800 株，目标产量 650 千克/亩。

（2）春季灌底墒水 225 米³/亩，起到造墒洗盐作用。

（3）播种前施基肥。亩施农家肥 3 000~4 000 千克、氮 21 千克、磷 9 千克、钾 6 千克，肥料品种可选用尿素 24 千克/亩、磷酸钾玉米专用肥 100 千克/亩。

（4）在玉米拔节期、抽雄期、吐丝期、灌浆期分别滴灌施肥 1 次，肥料可用尿素，用量分别为 5 千克/亩、10 千克/亩、10 千克/亩、10 千克/亩，其他滴灌时不施肥。

（5）参照表 3-1 提供的养分数量，可以选择其他的肥料品种组合，并换算成具体的肥料数量。

二、柑橘水肥一体化技术应用

在山地果园进行地面灌溉，灌水量均匀度低，肥水流失量大；在沿海滩涂地区还存在返盐等不利影响。山地柑橘园适宜的灌溉模式有压力补偿滴灌（自压或加压）、拖管淋灌、渗灌等。施肥方式可采用重力自压式施肥法或泵吸肥法。平地可用普通滴灌、微喷灌或膜下水带滴灌。

（一）柑橘需水规律

1. 萌芽坐果期（3—6 月）

萌芽坐果期需水量大，我国柑橘产区降水量较多，能满足其生长发育的要求。但此时期也容易出现水分过多、通气不良的现象，抑制根的生长，应注意及时排水。柑橘开花坐果期对水分胁迫极为敏感，高温干旱容易导致大量落花落果，此时应注意及时灌水或喷水，降温增湿。

2. 果实膨大期（7—9 月）

这个时期柑橘叶片光合作用旺盛、果实迅速膨大，需水量大。南方各省份正值梅雨过后容易发生干旱的时期，当土壤含水量低时必须及时灌溉。

3. 果实生长后期至成熟期（10—12 月）

土壤含水量对果实品质影响较大，果实采收前 1 个月左右停止灌水。果实进入成熟期适当控水，能提高果实糖度和耐储性，促进花芽分化。在采收前 1~2 个月用透气性的地膜覆盖，果实不仅着色早，而且色泽鲜艳，商品性好。

4. 生产停止期（采收后至翌年 3 月）

此时期气温较低，蒸腾量小，降水量也少。果实采收后，树体抵抗力削弱，尽管已处于相对休眠状态，但连续干旱也容易引起落叶，影响来年产量。一般应在采收后结合施肥充分灌水，如连续干旱 20 天以上应继续灌水 1 次。

柑橘在整个生长发育过程中，都需要水分，但灌溉必须适时适量才有利于柑橘的生长。必须结合树龄和各个物候期对水分的要求、当地的气候条件、土壤含水量等，确定正确的灌水时期和灌水量。确定灌水时期的具体方法有经验法和张力计法。

（1）经验法。在生产实践中可凭经验判断土壤含水量。如壤土和砂壤土，用手紧握形成土团，再挤压时土团不易碎裂，说明土壤湿度在田间持水量的 50% 以上，一般不进行灌溉；如手捏松开后不能形成土团，轻轻挤压容易发生裂缝，说明水分含量少，应及时灌溉。夏秋干旱时期还可根据天气情况决定灌水时期，一般连续高温干旱 15 天以上即可开始灌溉，秋冬干旱可延续 20 天以上再开始灌溉。

（2）张力计法。一般可在柑橘园土层中埋两支张力计，一支埋深 60 厘米，一支埋深 30 厘米。30 厘米张力计读数决定何时开始灌溉，60 厘米张力计决定何时停止灌溉（读数回零时）。当 30 厘米张力计读数达 -15 千帕时开始滴灌，到 60 厘米张力计读数回零时为止。当用滴灌时，张力计埋在滴头的正下方。

（二）柑橘需肥规律

1. 柑橘养分需求量

柑橘周年抽梢次数多、结果多、挂果期长，对肥料需求量大。一般来说，柑橘一年要抽 3~4 次梢，结果多，落果也多，挂果期长（一般在 5 个月左右），要消耗大量的营养物质。综合各地研究资料，每生产 1 000 千克柑橘果实，需氮 1.18~1.85 千克、五氧化二磷（P_2O_5）0.17~0.27 千克、氧化钾（K_2O）1.70~2.61 千克、钙 0.36~1.04 千克、镁 0.17~1.19 千克、硼、锌、锰、铁、铜、钼等微量元素含量范围在 10~100 毫克/千克。

2. 柑橘施肥时期

枝梢生长及果实发育期是柑橘养分吸收的重要时期，通过灌溉系统追肥的时间安排在萌芽前至果实糖分累积阶段。根据目标产量计算总施肥量，施肥分配主要根据其吸收规律来定。在具体的施肥安排上还要分幼年树、初结果树和成年结果树。磷肥一般建议基施。对幼年树而言，全年每株建议施氮 0.2 千克和钾 0.1 千克，配合施用沤腐的粪水。初结果树每株全年施氮 0.4~0.5 千克、磷 0.10~0.15 千克、钾 0.5~0.6 千克，配合有机肥 10~20 千克。其中，秋梢肥占 40%~50%、春梢肥占 20%~25%、基肥占 25%~40%。成年结果树已进入全面结果时期，营养生长与开花结果达到相对平衡，调节好营养生长与开花结果的关系，适时适量施肥。一株成年树的施肥量为氮 1.2~1.5 千克、磷 0.30~0.35 千克、钾 1.5~2.0 千克，主要分配在花芽分化期、坐果期、秋梢及果实发育期、采果前和采果后。采用少量多次的做法，不管是微喷还是滴灌，全年施肥 20 次左右。

（三）柑橘水肥一体化技术方案

在水肥一体化技术条件下，需要更加关注肥料的比例、浓度而非施肥总量，因为水肥一体化中肥料是少量多次施用的。施肥是否充足，可以从枝梢质量、叶片外观做直观判断。如果发现肥料不足，可以随时增加肥料用量；如果发现不需要施肥，也可以随时停止施肥。通常建议是"一梢三肥"，即在萌芽期、嫩梢期、梢老熟期前各施 1 次肥；果实发育阶段多次施肥，一般半个月施 1 次。

表 3-2 为广西某果园柑橘滴灌施肥方案，可供相应地区生产使用参考。

表3-2　广西某果园柑橘滴灌施肥方案

生育时期	灌溉次数	灌溉定额[米³/（亩·次）]	每次灌溉加入的纯养分量（千克/亩）			
			N	P₂O₅	K₂O	N+P₂O₅+K₂O
花期	3	3	2.20	1.65	1.65	5.50
幼果期	3	3	2.64	1.98	1.98	6.60
生理落果期	3	5	1.85	1.45	3.30	6.60
果实膨大期	3	5	1.08	0.85	1.93	3.86
果实成熟期	1	4	1.54	1.21	2.75	5.50
合计	13	52	24.85	19.00	29.33	73.18

应用说明如下。

（1）冬季挖坑，可每株施腐熟有机肥30~60千克、硫酸镁0.15千克。

（2）花期滴灌施肥3次，每亩每次施尿素4.1千克、磷酸一铵2.7千克、硫酸钾3.3千克。幼果期滴灌施肥3次，每亩每次施尿素4.9千克、磷酸一铵3.2千克、硫酸钾4.0千克。生理落果期滴灌施肥3次，每亩每次施尿素3.3千克、磷酸一铵2.4千克、硫酸钾6.6千克。果实膨大期滴灌施肥3次，每亩每次施尿素2.0千克、磷酸一铵1.4千克、硫酸钾3.9千克。果实成熟期滴灌施肥1次，每亩施尿素2.8千克、磷酸一铵2.0千克、硫酸钾5.5千克。

（3）叶面追肥。春梢萌芽期，叶面喷施硼叶面肥；谢花保果期，叶面喷施钙叶面肥；果实膨大期，叶面喷施钙叶面肥2次，间隔期20天。

三、黄瓜水肥一体化技术应用

黄瓜通常起垄种植，适宜的灌溉方式有滴灌、膜下滴灌、膜下微喷带，其中膜下滴灌应用面积最大。滴灌时，可用薄壁滴灌带，厚壁 0.2~0.4 毫米，滴头间距 20~40 厘米，流量 1.5~2.5 升/时。采用喷水带时，尽量选择流量小的。

（一）黄瓜需水规律

黄瓜需水量大，生长发育要求有充足的土壤水分和较高的空气湿度。黄瓜吸收的水分绝大部分用于蒸腾，蒸腾速率高，耗水量大。试验结果表明，露地种植时，平均每株黄瓜干物质重 133 克，单株黄瓜整个生育期蒸腾量 101.7 千克，平均每株每日蒸腾量 1 591 克，平均每形成 1 克干物质，需水量 765 克，即蒸腾系数为 765。一般情况下，露地栽培的黄瓜蒸腾系数为 400~1 000，保护地栽培的黄瓜蒸腾系数在 400 以下。黄瓜不同生育时期对水分的需求有所不同，幼苗期需水量少，结果期需水量多。黄瓜的产量高，收获时随着产品带走的水分数量也很多，这也是黄瓜需水量多的原因之一。黄瓜植株耗水量大，而根系多分布于浅层土壤中，对深层土壤水分利用率低，植株的正常发育要求土壤水分充足，一般土壤相对含水量在 80% 以上时生长良好，适宜的空气相对湿度为 80%~90%。

黄瓜定植后要灌好 3~4 次水，即稳苗水、定植水、缓苗水等。在浇好定植缓苗水的基础上，当植株长有 4 片真叶、根系将要转入迅速伸展时，应顺沟浇 1 次大水，以引导根系继续扩展。随后就进入适当控水阶段，直到根瓜膨大期一般不浇水，主要加强保墒，提高地温，促进根系向深处发展。结果以后，严冬时节即将到来，植株生长和结瓜虽然还在进行，但用水量也相对减少，浇水不当还容易降低地温和诱发病害。天气正常时，一般 7 天左右浇 1 次水，随着天气越来越冷，浇水的间隔时间可逐渐延长到 10~12 天。浇水一定要在晴天的上午进行，可以使水温和地温更接近，减小根系因灌水受到的刺激；还可有时间通过放风排湿使地温得到恢复。

浇水间隔时间和浇水量也不能完全按上述的天数硬性进行，还需要根据需要和黄瓜植株的长相、果实膨大增重和某些器官的表现来衡量判断。瓜秧深绿、叶片没有光泽、卷须舒展是水肥合适的表现；卷须呈弧状下垂、叶柄和主茎之间的夹角大于45°、中午叶片有下垂现象，是水分不足的表现，应选晴天及时浇水。浇水还必须注意天气预报，一定要使浇水后能够遇上几个晴天，浇水遇上连阴天是非常被动的事情。

也可通过经验法或张力计法来确定是否需要灌水和确定灌水时间。在生产实践中可凭经验判断土壤含水量。如壤土和砂壤土，用手紧握形成土团，再挤压时土团不易碎裂，说明土壤湿度在田间持水量的50%以上，一般不进行灌溉；如手捏松开后不能形成土团，轻轻挤压容易发生裂缝，表明水分含量少，应及时灌溉。夏秋干旱时期还可根据天气情况决定灌水时期，一般连续高温干旱15天以上即可开始灌溉，秋冬干旱可延续20天以上再开始灌溉。当用张力计监测水分时，一般可在菜园土层中埋1支张力计，埋深20厘米。土壤湿度保持在田间持水量的60%～80%，即土壤张力在10～20千帕有利于黄瓜生长。超过20千帕表明土壤变干，要开始灌溉，到张力计读数回零时为止。当用滴灌时，张力计埋在滴头的正下方。

（二）黄瓜需肥规律

黄瓜的营养生长与生殖生长并进时间长，产量高，需肥量大，喜肥但不耐肥，是典型的果蔬型瓜类作物。每1 000千克商品瓜需氮2.8～3.2千克、P_2O_5 1.2～1.8千克、K_2O 3.3～4.4千克、氧化钙2.9～3.9千克、氧化镁0.6～0.8千克。氮、磷、钾比例为1∶0.4∶1.6。黄瓜全生育期需钾最多，然后是氮和磷。

黄瓜对氮、磷、钾的吸收是随着生育时期的推进而有所变化的，从播种到抽蔓吸收的数量增加；进入结瓜期，黄瓜对各养分吸收的速度加快；在盛瓜期达到最大值，结瓜后期则又减少。养分吸收量因品种及栽培条件而异。各部位养分浓度的相对含量，氮、磷、钾在收获初期偏高，随着生育时期的延长，其相对含量下降；而钙和镁则是随着生育时期的延长而上升。

（三）黄瓜水肥一体化技术方案

表3-3是日光温室越冬黄瓜滴灌施肥方案，可供日光温室越冬黄瓜生产使用参考。

表3-3 日光温室越冬黄瓜滴灌施肥方案

生育时期	灌溉次数	灌溉定额 [米³/（亩·次）]	每次灌溉加入的纯养分量（千克/亩）			
			N	P_2O_5	K_2O	$N+P_2O_5+K_2O$
定植前	1	22	15.0	15.0	15.0	45.0
苗期	2	9	1.4	1.4	1.4	4.2
开花期	2	11	2.1	2.1	2.1	6.3
采收期	17	12	1.7	1.7	3.4	6.8
合计	22	266	50.9	50.9	79.8	181.6

应用说明如下。

（1）本方案适宜于日光温室越冬黄瓜，土壤肥力中等地块，宽窄行种植，每亩定植2 900~3 000株，目标产量13 000~15 000千克/亩。

（2）定植前施基肥，每亩施用腐熟的畜禽肥3 000~4 000千克、复合肥（15-15-15）100千克。第一次灌水用沟灌浇透，浇水量22米³/亩，以促进有机肥的分解和沉实土壤。

（3）定植至开花期，进行2次滴灌施肥，滴灌用水9米³/（亩·次）；肥料选用专用复合肥料（20-20-20）7千克/亩或相当量的冲施肥。

（4）开花至坐果期，滴灌施肥2次，滴灌用水

11 米³/（亩·次）；肥料选用专用复合肥料（20-20-20）10.5千克/亩或相当量的冲施肥。

（5）采收期一般 7~9 天要进行 1 次滴灌施肥，滴灌用水 12 米³/亩；肥料选用专用复合肥料（20-20-20）10.5 千克/亩或相当量的冲施肥。在滴灌施肥的基础上，可根据植株长势，叶面喷施磷酸二氢钾、钙肥和微量元素肥料。

（6）参照表 3-3 提供的养分数量，可以选择其他的肥料品种组合，并换算成具体的肥料数量。

第四章 增施有机肥技术

第一节 有机肥的概念和特点

一、有机肥的概念

有机肥是一切含有大量有机质的肥源的总称，是农村中可就地取材、就地积制的自然肥料。有机肥有广义和狭义之分。

（一）广义的有机肥

广义的有机肥俗称农家肥，由各种动物、植物残体或代谢物组成，如人畜粪便、秸秆、动物残体、屠宰场废弃物等，另外还包括饼肥（菜籽饼、棉籽饼、豆饼、芝麻饼、蓖麻饼等）、堆肥、沤肥、厩肥、沼气肥、绿肥、泥肥等。施用有机肥的目的主要是以供应有机物质为手段，来改善土壤理化性状，促进植物生长及土壤生态系统的物质循环。

（二）狭义的有机肥

狭义的有机肥专指以各种动物废弃物（包括动物粪便、动物加工废弃物）和植物残体（饼肥类、作物秸秆、落叶、枯枝、草炭等）为原料，采用物理、化学、生物或三者兼有的处理技术，经过一定的加工工艺（包括但不限于堆制、高温、厌氧等），消除其中的有害物质（病原菌、病虫卵、杂草种子等）达到无害化标准而形成的，其主要技术指标符合国家相关标准

（NY 525—2021）（表4-1）的一类肥料。

表4-1 有机肥料主要技术指标

外观	有机质粉状或颗含量	总养分（N、P_2O_5、K_2O）	水分	酸碱度（pH）
均匀粒状，无恶臭	≥30%	≥4.0%	≤30%	5.5~8.5

注：数据来源于《有机肥料》（NY 525—2021）。

二、有机肥的作用

1. 全面提供作物所需营养，保护作物根茎

有机肥料含有作物所需要的大量营养元素、微量元素、糖类和脂肪等。有机肥分解释放的 CO_2 可作为作物光合作用的材料。同时，不得不提的是，有机肥在土壤中能够分解转化成为各种腐殖酸。腐殖酸是一种高分子物质，具有很好的络合吸附性能，对重金属离子有很好的络合吸附作用，能有效地减轻重金属离子对作物的毒害，并阻止其进入植株中，并且保护作物的根茎。

2. 提高土壤肥力

有机肥料中的有机质增加了土壤中的有机质含量，使得土壤黏结度降低，从而使土壤形成稳定的团粒结构，进而提高其肥力协调供应能力。施用有机肥后土壤会变得疏松、肥沃。

3. 提高土壤质量，促进土壤微生物繁殖

有机肥料可以使土壤中的微生物大量繁殖，特别是许多有益微生物，如固氮菌、氨化菌、纤维素分解菌等。这些有益微生物，能分解土壤中的有机物，增加土壤的团粒比例，改善土壤组成。有机肥中的有益微生物还能抑制有害病菌的繁殖，这样就可以做到少打药，如果连续多年施用，可以有效抑制土壤有害生物，省工、省钱、无污染。同时，有机肥料中有动物消化道分泌

的各种活性酶，以及微生物产生的各种酶。这些物质施入土壤后，可大大提高土壤酶活性。长期持久施用有机肥可以改善土壤质量，进而提高作物产量和品质。

4. 增强农作物抗病、抗旱、耐涝能力

有机肥含有维生素、抗生素等，可增强作物抗性，减轻或防止病害发生。有机肥施入土壤后，可增强土壤的蓄水保水能力，在干旱情况下，能增强作物的抗旱能力。同时，有机肥还可使土壤变得疏松，改善作物根系的生态环境，促进根系的生长，增强根系活力，提高作物耐涝能力，减少植物的死亡率。

5. 减轻环境污染，维持农业生态良性循环

有机废弃物中含有大量病菌，如果不及时处理，会引起病菌传播，导致地下水中氮、磷等营养物质过多，地表与地下水富营养化，造成环境质量恶化，严重的会危及生物的生存。

6. 提高食品的安全性、绿色性

随着现代农业的发展，在农业生产过程中必须限制无机肥料的过量使用，有机肥料才是生产绿色食品的主要肥源。有机肥料中各种营养元素比较全面，而且这些物质是无毒、无害、无污染的自然物质，这就为生产高产、优质、无污染的绿色食品提供了必需条件。前面说的腐殖酸物质，可以减轻重金属离子对植物的危害，也就相当于减少了重金属对人体的危害。

有机肥有优点，也存在一些缺点：①养分含量低，释放缓慢，难以满足作物旺盛生长时对养分需求；②有机肥料成分变化大，肥效不一致，施用时不易掌握各种肥料的准确用量，即定量施用存在一定困难；③有机肥施用量大，操作繁重。因此，在施肥过程中，应把有机肥与无机肥合理搭配，优势互补，缓急相济，取长补短。

第二节　常见有机肥的类型

一、粪尿类有机肥

（一）人粪尿

1. 人粪尿的积存

目前农村一些传统的施肥习惯引起氮素的大量损失，并污染空气，如晒粪干、草木灰与人粪尿混施等。人粪尿中的铵态氮在晒制粪干过程中，特别是在夏季高温条件下几乎全部损失。人粪尿与草木灰接触或混存，草木灰中的碳酸钾是碱性物质，会加速人粪尿中氨的挥发，增加氮损失。因此，应该改变这些旧习惯。

近年来，我国积极推进改厕工程、沼气工程。这些工程的实施，对于科学积存人粪尿并进行无害化处理具有重要作用。堆肥过程中产生 60~70 ℃的高温可杀虫杀菌，使人粪尿达到无害化标准。人粪尿腐熟后铵态氮含量可占全氮量的80%。因此，充分发挥人粪尿肥效的关键是储存期间减少氮素损失。一般而言，加盖密封是减少氮素损失的有效途径。此外，在人粪尿中加入 3~4 倍细干土或者 1~2 倍草炭，可以起到较好的保氮效果。

在腐熟过程中，人粪尿中的氮易挥发，为防止氮的挥发和流失，提高人粪尿的肥效，需采用"固氮"的方法，将其加工制作成硫酸铵液。操作方法：按照一定比例（每 100 千克人粪尿，加 100 升水，再加 5~10 千克熟石膏粉）配制人粪尿稀释液，然后将其倒入不渗漏的池（坑）中，用稀泥密封好。经 10 天左右的发酵沤泡即可制成硫酸铵液。运用这种方法加工制作的硫酸铵液，是优质的基肥和追肥肥源，每 100 千克硫酸铵溶液相当于300 千克鲜人粪尿的肥效。

2. 人粪尿的施用

（1）施用方法。人粪尿可作种肥、基肥和追肥，最适用于追肥。作基肥一般每亩施用 500~1 000 千克；旱地作追肥时应用水稀释成 3~4 倍甚至 10 倍的稀薄人粪尿液进行浇施，然后盖土。水田施用时，宜先排干水，将人粪尿稀释 2~3 倍后泼入田中，结合中耕或耘田，使肥料被土壤所吸附，隔 2~3 天再灌水。人尿可用来浸种，有促进种子萌发、出苗早、苗健壮的作用，一般采用 5% 鲜人尿溶液浸种 2~3 小时。

（2）注意事项。腐熟时，要注意在沤制和堆腐过程中，切忌向人粪尿中加入草木灰、石灰等碱性物质，这样会使氮变成氨气挥发损失。向沤制、堆制材料中加入干草、落叶、泥炭等吸收性能好的材料，可使氮损失减少，有利于养分保存。不宜将人粪尿晒制成粪干，因为在晒制粪干的过程中，约 40% 以上的氮会挥发损失掉，同时也污染环境。

人粪尿是以氮为主的有机肥料。它腐熟快，肥效明显。由于数量有限，目前多集中用于菜地。人粪尿用于叶菜类、甘蓝、菠菜等蔬菜作物增产效果尤为显著。人粪尿含有机质不多，且用量少，易分解，所以改土作用不大。人粪尿是富含氮的速效肥料，但是含有机质、磷、钾等较少，为了更好地培养地力，应与厩肥、堆肥等有机肥料配合施用。人粪尿适用于各种土壤和大多数作物，但在雨量少又没有灌溉条件的盐碱土上，最好用水稀释后分次施用。人粪尿中含有较多的氯化钠，对氯敏感的作物（如马铃薯、瓜果、甘薯、甜菜等）不宜过多施用，以免影响产品的品质。

新鲜人尿宜作追肥，但应注意，在作物幼苗生长期，直接施用新鲜人尿有烧苗的风险，需经腐熟兑水后施用。在设施蔬菜上施用，一定要用腐熟的人粪尿，以防蔬菜氨中毒和病菌传播。

（二）家畜禽粪尿

1. 家畜禽粪尿有机肥的制作

家畜禽粪尿最常见的处理方法是高温好氧发酵堆肥处理，是目前实现农业废弃物无害化、减量化、资源化的有效途径。一般8~15 天即可转化为无臭、无味、无虫卵的活性有机肥。

（1）使用鸡粪、猪粪、牛粪等畜禽粪便作原料发酵有机肥 3 吨。要求将 100~150 千克作物秸秆、茎叶等辅料粉碎至 2 毫米以下，调节物料 pH 至 6.5 左右，碳氮比为 25∶1，含水量为 40%（手握成团，指缝见水但不滴水珠，松手即散）。

（2）将约 2 千克发酵菌剂与物料充分混合均匀。搅拌时用搅拌机或人工翻倒，如物料太干，可加水调节，最终应使物料干湿一致、松散、不留团块。

（3）将搅拌均匀的混合物堆成底宽 1.5 米、高 0.8~1 米、截面为三角形或梯形的长堆，上面加盖透气保湿的遮盖物。盖后喷水使其保持湿润，间隔 2~3 米，插上量程为 0~100 ℃的温度计，随时观察发酵温度。

（4）进入发酵期，当堆温达到 40 ℃以上时，实施第一次翻堆，此后每天应至少翻堆 1 次，根据温度变化适当增减翻堆次数和喷水，以保证温度不超过 65 ℃。一般夏季 20 小时、春秋季 24 小时、冬季 36~48 小时即进入发酵期，待堆温开始下降，发酵结束。发酵期间的通风翻堆要彻底，失水过多时要及时补充水分。正常发酵时，物料的外观为棕色，质地疏松，气味有霉香，物料表面有少量的菌丝，含水量 30%~35%。

（5）将发酵好的有机肥均匀摊放在遮阴、通风的场地上晾晒、风干，避免阳光直射。当含水量小于 12% 时即可。

（6）成品可用编织袋包装，置于通风、阴凉、避光处保存。保质期为 1 年。

2. 家畜禽粪尿的施用

（1）家畜粪尿的施用。猪粪尿有较好的增产和改土效果，可作基肥、追肥，适用于各种土壤和作物。腐熟好的粪尿可用作追肥，但没有腐熟的鲜粪尿不宜作追肥。没有腐熟的鲜粪尿施到土壤以后，经微生物分解会放出大量二氧化碳，并产生发酵热，消耗土壤水分，大量施用对种子、幼苗、根系生长均有不利影响。此外，施鲜粪尿还会导致土壤有限的速效养分快速被微生物消耗，发生"生粪咬苗"现象。腐熟后的马粪适用于各种土壤和作物，用作基肥、追肥均可。马粪分解快，发热大，故一般不单独施用，主要用作温床的发热材料。牛粪尿多用作基肥，适用于各种土壤和农作物。羊粪尿同其他家畜粪尿一样，可作基肥、追肥，适用于各种土壤和作物。羊粪由于较其他家畜粪浓厚，在砂土和黏土上施用均有良好的效果。

（2）禽粪的施用。禽粪适用于各种作物和土壤，不仅能增加作物产量，而且还能改善农产品品质，是生产有机农产品的理想肥料。新鲜禽粪易招引地下害虫，因此必须腐熟。因其分解快，宜作追肥施用，如作基肥可与其他有机肥料混合施用。精制的禽粪有机肥每亩施用量不超过 2 000 千克，精加工的商品有机肥每亩用量 300~600 千克，并多用于蔬菜作物。

二、堆沤肥

（一）堆肥

堆肥是利用各种植物残体（作物秸秆、杂草、树叶）、泥炭、垃圾以及其他废弃物等为主要原料，混合人畜粪尿，在高温、多湿的条件下，经过发酵腐熟、微生物分解而制成的一种有机肥料。堆肥堆制过程中一般要经过发热、高温、降温及腐熟保温等阶段，微生物的好气分解是堆肥腐熟的重要保证。所有影响微生物活性的因子都会影响堆肥腐熟的效果，主要影响因子包括水分、空气、温度、堆肥材料以及酸碱度（pH）等，其中堆肥材料的碳氮比和酸碱度是影响腐熟程度的关键。

1. 堆肥的原料

堆肥原料按其性质可以分为不易分解的物质、促进分解的物质和吸收性强的物质。不易分解的物质主要是秸秆、杂草、垃圾等，这类物质纤维素、木质素、果胶含量较高，碳氮比较大，堆肥后主要为土壤提供丰富的能源物质和有机质。促进分解的物质主要是人畜粪尿、污水污泥、化学肥料等，这类物质能补充养分和添加促进腐熟的微生物，必要时添加石灰、草木灰等调节堆肥酸碱度。吸收性强的物质主要是指细土、泥炭、锯末等，这类物质主要吸收腐解过程中产生的氮等，同时可以起到调节堆肥水分的作用。

2. 堆肥的条件

在现代农业中，堆肥主要为了进行无害化处理，增加土壤有机物来源，消除直接施用秸秆等物质对作物的毒害，另外还可为作物提供养分。其中，主要通过高温发酵杀灭寄生虫卵和各种病原菌达到无害化，利用其中的秸秆、杂草、垃圾中的含碳有机物来提高土壤有机物来源。堆肥主要应控制好水分、温度、通气、碳氮比、酸碱度等条件。

3. 堆肥的堆制方法

堆肥按其堆制方法可以分为普通堆肥和高温堆肥。

（1）高温堆肥。高温堆肥是有机肥料无害化处理的一个主要方法。秸秆、粪尿经过高温堆肥处理后，可以消灭各种有害物质如病菌、虫卵、草籽等的影响。高温堆肥还需要接种高温纤维素分解菌，设立通气装置来加快秸秆的分解，在寒冷地区还应有防寒措施。高温堆肥有平地式和半坑式2种堆置方式。

（2）普通堆肥。普通堆肥是在半厌氧条件及不超过 50 ℃ 的温度下腐熟而成的，堆肥的温度腐熟时间长达 3~5 个月。其缺点是不容易杀灭杂草种子、病虫卵等有害物质。堆积方法受季节等条件影响，有平地式、半坑式及地下式 3 种。

4. 堆肥的性质

堆肥中一般有机质含量占 15%~25%，新鲜的堆肥含水分 60%~65%，含氮（N）0.4%~0.5%，磷（P_2O_5）0.18%~0.26%、钾（K_2O）0.45%~0.67%，碳氮比为（16~20）：1。

高温堆肥在积制时以秸秆、杂草、泥炭等纤维质多的原料为主，混入的泥土少，加入的马粪和人粪尿较多。除碳氮比普通堆肥低外，高温堆肥比普通堆肥发酵温度高，腐熟快，可杀死病菌、虫卵和杂草种子；而且有机质、氮磷含量均比普通堆肥高。堆肥腐熟后有臭味，呈黑褐色，汁液棕色或无色。

5. 堆肥的施用

堆肥是一种完全肥料，富含有机质和各种营养物质，适合于各种土壤和作物，长期施用可以起到培肥改土的作用。堆肥属于热性肥料，腐熟的堆肥可以作追肥，半腐熟的堆肥作基肥施用。一般用量为 1~2 吨/亩。蔬菜作物生长期短、需肥快，应施用腐熟堆肥。施用堆肥的主要是为了提供有机质，一般不能完全代替其他肥料，特别是在丰产田里，作物对氮、磷、钾需求较多，必须追施氮、磷、钾肥以弥补堆肥中氮、磷、钾的供应不足。在不同土壤上施用堆肥应采用相应的方法，黏重土壤应施用腐熟的堆肥，砂质土壤则可施用中等腐熟的堆肥。

（二）沤肥

沤肥制作是在嫌气条件下进行常温发酵，在我国南方地区较为普遍。与堆肥相比，沤肥材料无大的差异，但沤肥需在淹水条件下发酵，因此需加入大量水分。从腐解方式看，有机物料在厌氧条件下产生沼气后残留的沼气液（称为沼气肥），也属于沤肥。

1. 沤肥的制作

在屋旁或田角挖一个坑，坑深 1 米左右，在坑底加些石灰粉锤紧或铺一层水泥，以免肥分从坑底渗漏，坑的大小根据原料而定。如果在水田沤制，坑要浅些，比田面低 20~30 厘米，坑的四周要做 12~16 厘米高的土埂，以免田里的水流入坑内，然后把草皮、杂草等原料倒进坑里，倒满以后浇些稀粪水和污水，材料要灌水淹没，让原料在嫌气条件下分解，以后每隔 7~10 天翻动 1 次。

要想把沤肥制好，最好把以前沤制好的沤肥留一部分作引子。加引子的原理跟做面包时加一点面种能使面发得快的道理一样。除此之外，还要加些含氮多的肥料，如人粪尿、硫酸铵、油饼等，以加速肥料的腐烂，提高沤肥的质量。

2. 沤肥的施用

腐熟的沤肥，颜色墨绿，质地松软，有臭气，肥效持久。沤肥的养分含量因材料种类和配比不同而有差异，变幅较大，用绿肥沤制的沤肥比用草皮沤制的养分含量高。沤肥适宜用作基肥，果树施用量一般为每亩 2 000~3 000 千克，施用时还应配以适量的氮肥和磷肥。

（三）秸秆还田利用

作物秸秆作为肥料利用主要是通过秸秆还田技术。作物秸秆还田主要有直接还田、间接还田和覆盖还田等方式。

1. 直接还田

作物秸秆直接还田是将作物收获后的地上秸秆和根茬直接粉碎回归土壤。秸秆直接还田方式主要有秸秆粉碎翻压还田、覆盖免耕还田、高留茬还田、稻田整草还田或铡草还田、直接掩青等。目前推广面积最大的高留茬还田，约占秸秆直接还田总面积的60%，机械粉碎翻压和覆盖还田分别占22%和18%。秸秆还田已经成为我国沃土工程和丰收计划的重要内容，秸秆覆盖已成为干旱、半干旱地区农业增产增收的重要技术措施。秸秆直接还田是最经济、最有效、最现实的一条途径，它不需经收集、运输、加工、抛撒等作业就可完成。

2. 间接还田

农作物秸秆间接还田有以下3种形式。

（1）过腹还田。秸秆先作饲料，经禽畜消化吸收后变成粪、尿还田。作物光合作用的产物有一半以上存在于秸秆中，秸秆富含氮、磷、钾、钙、镁和有机质等，是一种具有多用途的可再生的生物资源。秸秆也是一种粗饲料，特点是粗纤维含量高（30%~40%）并含有木质素等。木质素虽不能为猪、鸡所利用，但却能被反刍动物牛、羊等牲畜吸收和利用。我国民间素有秸秆作粗饲料养畜的传统，但目前仅有20%的秸秆经过处理后用作饲料，大部分则切碎至3~5厘米长后直接饲喂家畜。随着秸秆青贮、氨化处理技术的提高和推广，秸秆过腹还田的推广和应用将大大提高。

（2）堆沤发酵还田。其形式有厌氧发酵和好氧发酵两种。厌氧发酵是把秸秆堆成堆后，封闭不通风；好氧发酵是把秸秆堆成堆后，在堆底或堆内设有通风沟。经发酵的秸秆可加速腐殖质分解，制成质量较好的有机肥，作为基肥还田。

（3）秸秆气化、废渣还田。"秸秆气化、废渣还田"是一种生物质热能气化技术。秸秆气化后，其生成的可燃性气体——沼气可作为农村生活能源集中供气，气化后形成的废渣经处理后可作为肥料还田。也可使秸秆经不完全燃烧后炭化变成保留养分的草木灰，作肥料还田。

3. 覆盖还田

秸秆覆盖还田就是将秸秆粉碎后直接覆盖在地表。主要是麦秆套插玉米。在小麦收割后，将切断的小麦秸秆不断进行翻耕犁田，直接点插玉米。麦秆覆盖地面后，可起到抗旱保墒的作用，在夏季高温高湿条件下，麦秆自行腐烂分解，有利于防涝，减少杂草滋生，给作物生长创造一个良好的生态环境，有利于增产，这种方式具有节省耕种费用、争取季节、保肥保水的优点，适用于灌溉条件较差的田地。

三、绿肥

绿肥是指用作肥料的绿色植物体，如苜蓿、满江红、水葫芦等。绿肥是传统的重要有机肥料之一。绿肥的类型很多，利用方式差异很大。按其来源可分为栽培型绿肥和野生型绿肥；按植物学特性可分为豆科绿肥和非豆科绿肥；按种植季节可分为冬季绿肥、夏季绿肥和多年生绿肥。

（一）常见绿肥作物

1. 紫云英

紫云英又叫红花草，豆科黄芪属，一年生或越年生草本。多在秋季套播于晚稻田中，作早稻的基肥。种植面积占全国绿肥面积的60%以上，是我国最重要的绿肥作物。

紫云英喜凉爽气候，适于排水良好的土壤。最适生长温度为15~20 ℃，种子在4~5 ℃即可萌发生长。适宜生长的土壤含水量为田间持水量的60%~75%，低于田间持水量的40%，其生长受抑制。虽然紫云英有较强的耐湿性，但渍水对其生长不利，严重时甚至死亡。因此，播前开挖田间排水沟是必要的。当气温降低到-5~10 ℃时，易受冻害。对根瘤菌要求专一，特别是未曾种过紫云英的田块，拌根瘤菌剂是成功的关键。

紫云英固氮能力较强，盛花期平均每亩可固氮 5~8 千克。

紫云英的栽培方式有：在稻田、棉田或其他秋收作物地上套种；与麦类、油菜、黄花苜蓿、蚕豆等混种或间作；在旱地单种。

2. 箭筈豌豆

箭筈豌豆又叫野豌豆，豆科野豌豆属，一年生或越年生草本。原引自欧洲和澳大利亚，中国有野生种分布。广泛栽培于全国各地，多于稻、麦、棉田复种或间套种，也可在果、桑园中种植利用。

箭筈豌豆适应性较广，不耐湿，不耐盐碱，但耐旱性较强。喜凉爽湿润气候，在-10 ℃短期低温下可以越冬。种子含有氢氰酸，人畜食用过量会产生中毒现象，但经蒸煮或浸泡后易脱毒；种子淀粉含量高，可代替蚕豆、豌豆提取淀粉，是优质粉丝的重要原料。

3. 长柔毛野豌豆

长柔毛野豌豆又叫毛苕子、毛叶苕子，豆科豌豆属，一年生或越年生匍匐草本。20 世纪 40 年代自美国引进，后又陆续自东欧等地引进部分品种。现广泛栽培利用于华北、西北、西南等地区和苏北、皖北一带。一般用于稻田复种或麦田间套种，也常间种于中耕作物行间和林果种植园中。

长柔毛野豌豆具有较强的抗旱和抗寒能力。5 ℃时种子开始萌发，15~20 ℃时生长最快，能耐短时间的-20 ℃低温。对土壤要求不严格，耐涝性差，以在排水良好的壤质土生长最好。

4. 兰花苕子

兰花苕子又叫兰花草，豆科巢菜属，一年生或越年生草本。原产于中国，主要分布在我国南方各省份，尤以湖北、四川、云南、贵州等地较普遍，一般用于稻田秋播或在中耕作物行间间种。

兰花苕子不耐寒，在-3 ℃时即出现冻害，10~17 ℃时生长迅速。耐湿性较强，短期地面积水可正常生长，但不耐旱。在酸性红壤上可生长。

5. 胡卢巴

胡卢巴又叫香豆、香草，豆科胡卢巴属，一年生直立草本。植株和种子均可食用，是很好的调味品。种子胚乳中有丰富的半乳甘露聚糖胶，广泛用于工业生产。植株和种子含有香豆素，因此胡卢巴是提取天然香精的重要原料，也是重要的药用植物。在我国西北和华北北部地区种植较普遍，多于夏秋麦田复种或早春稻田前茬种植，也可在中耕作物行间间种。

胡卢巴喜冷凉气候，忌高温，在水肥条件和排水良好的土壤上生长旺盛，不耐渍水和盐碱，也不耐寒，在-10 ℃低温时，越冬困难。

6. 南苜蓿

南苜蓿又叫黄花草子、金菜花，豆科苜蓿属，一年生或越年生草本。原产于地中海地区，我国主要在长江中下游的江苏、浙江和上海一带秋季栽培，是水稻、棉花和果、桑园的优良绿肥。其嫩茎叶是早春优质蔬菜，经济价值较高。

南苜蓿喜温暖湿润气候，可在轻度盐碱地上生长，也有一定的耐酸性，能在红壤坡地上种植。其耐旱、耐寒和耐渍能力较差，水肥条件良好时生长旺盛。

7. 蚕豆

蚕豆又叫胡豆、罗汉豆，豆科野豌豆属，一年生或越年生草本。原产于欧洲和非洲北部，我国各地均有栽培，也是一种优良的粮、菜、肥兼用作物。主要于秋季或早春播种，多用于稻、麦田套种或中耕作物行间间种，摘青荚作蔬菜或收籽食用，茎秆和残体还田作肥料。

蚕豆喜温暖湿润气候，对水肥要求较高，不耐渍，不耐旱。

8. 柽麻

柽麻又叫太阳麻，豆科野百合属，一年生草本。原产于南亚，我国台湾最早引种，以后逐渐推广到全国各地。其前期生长十分迅速，多作为间套或填闲利用，也是一种重要的夏季绿肥。

柽麻喜温暖湿润气候，适宜生长温度为 20~30 ℃。耐旱性较强，但不耐渍，以在排水良好的田块上种植为好。枯萎病是柽麻的一种主要病害，严重时几乎绝产，忌重茬连作。

9. 草木樨

草木樨又叫野良香、野苜蓿，豆科草木樨属，一年生或二年生直立草本。其种类很多，我国生产上常用的种类为二年生白花草木樨，主要在东北、西北和华北等地区栽培。多与玉米、小麦间种或复种，也可在经济林木行间或山坡丘陵地种植，可保持水土。在南方多利用一年生黄花草木樨，主要在旱地种植，用作麦田或棉花田肥料。

草木樨耐旱、耐寒、耐瘠性均很强。主根发达，可达 2 米以上，在干旱时仍可利用下层水分而正常生长。在 −30 ℃ 时可越冬。在耕层土壤含盐量低于 0.3% 时，种子可出苗生长，成龄植株可耐 0.5% 以上的含盐量。草木樨养分含量高，不仅是优良的绿肥，也是重要的饲草。但植株含香豆素，直接用作饲草，牲畜往往需经短期适应。在高温高湿情况下，饲草易霉变，使香豆素转化为双香豆素，牲畜食后会发生中毒现象。

10. 满江红

满江红又叫红苹或常绿满江红，满江红科满江红属，是一种繁殖系数很高的水生蕨类植物。其植物体管腔内有鱼腥藻与之共生，有较强的固氮能力。广泛用作稻田绿肥和饲饵料。

满江红对温度十分敏感，但种类不同，反应也不一样。蕨状满江红耐寒性较强，起繁温度为 5 ℃左右，15~20 ℃为适宜生长温度，多在冬春放养；中国满江红和卡州满江红耐热性较强，起繁温度为 10 ℃以上，适宜生长温度为 20~25 ℃，多于夏季放养。几种满江红配合放养，有利于延长放养期和提高产萍量。满江红耐盐性也较强，在 0.5% 含盐量的水中可以正常生长。其吸钾能力也强，在水中钾素含量很低的情况下，生长良好，是一种富钾的水生绿肥。

11. 田菁

田菁又叫碱青、涝豆，豆科田菁属，一年生木质草本。原产于热带和亚热带地区。我国最早于台湾、福建、广东等地栽种，以后逐渐北移，现早熟品种可在华北和东北地区种植。其种子含有丰富的半乳甘露聚糖胶，是重要的工业原料。

田菁喜高温高湿条件，种子在 12 ℃开始发芽，最适生长温度为 20~30 ℃。遇霜冻时，叶片迅速凋萎而逐渐死亡。其耐盐、耐涝能力很强，当土壤耕层含盐量不超过 0.5% 时，可以正常发芽生长，但氯离子含量超过 0.3%，其生长受抑制。成龄植株受水淹后仍能正常生长，受淹茎部形成海绵组织和水生根，并能结瘤和固氮，是一种改良涝洼盐碱地的重要夏季绿肥作物。

（二）绿肥的施用方式

1. 直接翻耕

绿肥直接翻耕以作基肥为主，间、套种的绿肥也可就地掩埋作为主作的追肥。翻耕前最好将绿肥切短，暴晒让其萎蔫，然后翻耕。先将绿肥茎叶切成 10~20 厘米长，然后撒在地面或施在沟里，随后翻耕入土壤中，一般入土 10~20 厘米深，砂质土可深些，黏质土可浅些。

2. 堆沤

加强绿肥分解，提高肥效，在蔬菜生产上一般不直接用绿肥翻压，而是多将绿肥作物堆沤腐熟后施用。

3. 作饲料用

绿肥绿色体中的蛋白质、脂肪、维生素和矿物质，并不是土壤中不足而必须施给的养料，绿色体中的蛋白质在没有分解之前不能被作物吸收，而这些物质却是动物所需的营养，利用家畜、家禽、家鱼等进行过腹还田后，可提高绿肥利用率。

四、海肥

我国海岸线长，沿海生物繁盛，各地海产加工的废弃物如鱼、杂、虾糠，许多不能食用的海洋动物如海星、蝤蛑，以及海生植物如海藻、海青苔等都是优质的肥料。海肥的种类很多，一般分为动物性、植物性、矿物性三大类，其中动物性海肥种类多，数量大，使用广，肥效快。

（一）动物性海肥

动物性海肥由鱼、虾、贝等水生动物的残体或海产品加工的废弃物制作而成，含有丰富的氮、磷、钾、钙和有机质，以及各种微量元素。动物性海肥是以氮、磷为主的有机肥料。据相关研究数据，动物性海肥含氮（N）0.45%~1.91%、磷（P_2O_5）0.14%~0.48%、钾（K_2O）0.11%~0.51%、碳酸钙（$CaCO_3$）55%~86%和部分有机质，既能供给作物生长利用，又能改善土壤性质。

动物性海肥包括鱼虾肥、贝壳肥、海胆肥等，以鱼虾肥为主。鱼虾肥原料多为无食用价值的种类或加工后的废弃物，如头部、鱼鳞、尾部、鱼泡、内脏、刺骨和残留鱼肉等。这类海肥富含有机态氮和磷，氮大部分呈蛋白质形态，磷多为有机态或不溶性的磷化物，如磷脂和磷酸三钙。贝壳肥含有丰富的石灰质，分解后产生大量的碳酸钙成分，适用于酸性土壤或缺钙的土壤。海胆类海肥含有氮、磷、钾和碳酸钙成分，但养分含量较低。

动物性海肥通常不能直接施用，需压碎、脱脂或沤制待其腐烂、分解后施用。一般在大缸或池内加原料和其质量 4~6 倍的水，搅拌均匀后加盖沤制 10~15 天，腐熟兑水 1~2 倍，混在堆肥、厩肥、土粪中腐解后施用。动物性海肥可作基肥或追肥，浇施或干施均可。纯鱼虾肥施用量为 10~15 千克/亩；贝壳肥是优质的石灰质肥料，可掺入堆肥、厩肥中用于改良酸性土壤。

（二）植物性海肥

植物性海肥是指以海藻、海青苔、海带或海带提取碘以后余下的海带渣为原料，经过加工制作而成的有机肥料，含氮（N）1.4%~1.64%、磷（P_2O_5）0.13%~0.42%、钾（K_2O）1.21%~1.47%。海藻肥是天然的有机肥，对人、畜无害，对环境无污染，人们广泛利用的海藻主要是海藻中的红藻、绿藻和褐藻。海藻不含杂草种子及病虫源，用作堆肥，可有效防止杂草及病虫害发生，对蔬菜、果树、粮食等作物具有普遍的增产效果。海带属于大型经济藻类，含有大量的高活性成分和天然植物生长调节剂，可刺激植物体内非特异性活性因子的产生，能促进作物生长发育，提高产量。施用海带肥后作物长势旺盛，烟草、棉花、花卉等经济作物的品质提高，尤其是对大棚蔬菜，增产增值效果十分显著。

植物性海肥的制作步骤包括晾晒、粉碎（破壁）、提取或发酵、浓缩和干燥。具体的方法：先将海藻、海带或海青苔去沙后晒干或于 50~70 ℃下烘干至含水量 10%左右，充分切碎，以1∶（15~20）的质量比溶于水，过滤后得浸提液，有条件的也可以使用超声波破壁后过滤得浸提液，将浸提液浓缩、干燥后制成高端植物性海肥。也可以将晒干切碎后的海藻、海带或海青苔物料，添加微生物发酵剂和水（含水量控制在 55%~65%），混

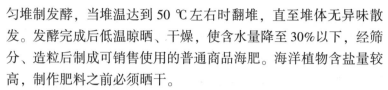

匀堆制发酵，当堆温达到 50 ℃左右时翻堆，直至堆体无异味散发。发酵完成后低温晾晒、干燥，使含水量降至30%以下，经筛分、造粒后制成可销售使用的普通商品海肥。海洋植物含盐量较高，制作肥料之前必须晒干。

海带渣肥既能充分利用工业生产过程中的废弃物，保护生态环境，又降低了农业生产成本。此肥料的制作过程：将海带渣粗碎，调节含水量至55%左右，加入1%的市售玉米粉和3‰的市售微生物菌剂，进行堆肥发酵。每2天翻堆1~2次，使其保持微好氧发酵条件，发酵24~26天，发酵过程中注意用塑料泡沫、薄膜等密封保温。发酵完成后经干燥、造粒后即可生产成质量合格的有机肥，可直接作基肥施用。

（三）矿物性海肥

矿物性海肥包括海泥、苦卤等。海泥含盐量较高，质地细软，有腥味，由海中动、植物遗体和随江、河水入海带来的大量泥土、有机质等淤积而成。苦卤是海水晒盐后的残液，主要含氯化镁、氯化钠、氯化钾及硫酸镁等成分。

1. 海泥

海泥中含有丰富的有机质，及氮、磷、钾、铜、锌和锰等营养元素，是较为经济的有机肥源。海泥的养分含量与沉积条件有关，江、河入海有避风港堆积而成的泥底，养分含量多；江河入海无避风港淤积而成的沙底，养分含量少。海泥可溶性氮、磷含量少，含氮（N）0.15%~0.61%、磷（P_2O_5）0.12%~0.28%、钾（K_2O）0.72%~2.25%、有机质1.5%~2.8%，还有一定数量的还原性物质。需注意，海泥应经晾晒使得其中有毒的还原性物质被氧化后再施用，或与堆肥、厩肥混合堆沤10~20天后作基肥或追肥施用。泥质海泥适用于砂土，沙质海泥适用于黏性重的土壤，可以改良土壤，提高其保水、保肥能力。

2. 苦卤

苦卤成分复杂，所含成分及含量因产地、季节变化而不同，一般为：镁 8%～10%、硫 7%～11%、氯 20%～25%、钠 11%～12%、钾 1%～2%、硼 100～200 毫克/千克，还有少量磷、钙及镁等。苦卤一般与其他有机肥混合或堆沤后施用，也可以添加氮、磷、钾等配制成复混肥施用。苦卤主要用于高度淋溶、高度风化的缺镁大田、蔬菜基地或大棚蔬菜中，但不宜用于排水不良的低洼地或盐碱地。

第三节　有机肥的施用技术

一、有机肥料施用方法

（一）作基肥施用

有机肥料养分释放慢、肥效长，最适宜作基肥施用。在播种前翻地时施入土壤，一般叫底肥，有的在播种时施在种子附近，也叫种肥。其施用方法主要有 2 种。

1. 全层施用

在翻地时，将有机肥料撒到地表，随着翻地将肥料全部施入土壤表层，然后耕入土中。这种施肥方法简单、省力，肥料施用均匀。

这种方法同时也存在很多缺陷。第一，肥料利用率低。由于采取在整个田间进行全面撒施，所以一般施用量都较多，但根系能吸收利用的只是根系周围的肥料，而施在根系不能到达部位的肥料则白白损失掉。第二，容易产生土壤障碍。有机肥中磷、钾养分丰富，且在土壤中不易流失，大量施肥容易造成磷、钾养分的富集，造成土壤养分的不平衡。第三，在肥料流动性小的温室，大量施肥还会造成土壤盐浓度的升高。

该施肥方法适宜于：①种植密度较大的作物；②用量大、养分含量低的粗有机肥料。

2. 集中施用

除量大的粗杂有机肥料外，养分含量高的商品有机肥料一般采取在定植穴内施用或挖沟施用的方法。将其集中施在根系伸展部位，可充分发挥其肥效。集中施用并不是离定植穴越近越好，最好是根据有机肥料的质量情况和作物根系生长情况，采取离定植穴一定距离施肥，作为待效肥随着作物根系的生长而发挥作用。在施用有机肥料的位置，土壤通气性变好，根系伸展良好，根系有效吸收养分能力强。

从肥效上看，集中施用对发挥磷酸盐肥效最为有效。如果直接把磷酸盐施入土壤，有机肥料中速效态磷成分易被土壤固定，使其肥效降低。腐熟好的有机肥料中含有很多速效态磷酸盐成分，为了提高其肥效，有机肥料应集中施用，减少土壤对速效态磷的固定。

沟施、穴施的关键是把养分施在根系能够伸展的范围内。因此，集中施用时施肥位置是很重要的，施肥位置应根据作物吸收肥料的变化情况而加以改变。最理想的施肥方法：肥料不要接触种子或作物的根，与根系有一定距离，作物生长到一定程度后才能吸收利用。

采用条施和穴施，可在一定程度上减少肥料施用量，但相对来讲施肥用工投入增加。

（二）作追肥施用

有机肥料不仅是理想的基肥，腐熟好的有机肥料含有大量速效养分，也可作追肥施用。人粪尿有机肥料主要以速效养分为主，作追肥更适宜。

追肥是在作物生长期间的一种养分补充供给方式，一般适宜进行穴施或沟施。

有机肥料作追肥应注意以下事项。

（1）有机肥料含有速效养分，但数量有限，大量缓效养分释放还需一过程，所以有机肥料作追肥时，同化肥相比追肥时期应提前几天。

（2）后期追肥的主要目的是满足作物生长过程对养分的极大需要，保证作物产量，有机肥料养分含量低，当有机肥料中缺乏某些成分时，可施用适当的单一化肥加以补充。

（3）确定合理的基肥、追肥分配比例。地温低时，微生物活动弱，有机肥料养分释放慢，可以把施用量的大部分作为基肥施用；地温高时，微生物活动能力强，如果基肥用量太多，定植前，肥料被微生物过度分解，定植后，立即发挥肥效，有时可能造成作物徒长。因此，对高温栽培作物，最好减少基肥施用量，增加追肥施用量。

（三）作育苗肥施用

现代农业生产中许多作物栽培均采用先在一定的条件下育苗，然后在大田定植的方法。育苗对养分需要量小，但养分不足不能形成壮苗，不利于移栽，也不利于以后作物的生长。充分腐熟的有机肥料，养分释放均匀，养分全面，是育苗的理想肥料。一般以10%的发酵充分的有机肥料加入一定量的草炭、蛭石或珍珠岩，用土混合均匀作育苗基质使用。

（四）有机肥料作营养土

温室、塑料大棚等保护地栽培中，蔬菜、花卉和特种作物等的经济效益相对较高，为了获得好的经济收入，应充分满足作物生长所需的各种条件，常使用无土栽培。

传统的无土栽培是以各种化肥配制成一定浓度的营养液，浇在营养土或营养钵等无土栽培基质上，以供作物吸收利用。营养土和营养钵，一般采用泥炭、蛭石、珍珠岩、细土为主要原料，再加入少量化肥配制而成。在基质中配上有机肥料，作为供应作物生长的营养物质。在作物的整个生长期中，隔一定时期往基质中加一次固态肥料，即可以保持养分的持续供应。用有机肥料代替定期浇营养液，可减少基质栽培浇灌营养液的次数，降低生产成本。

营养土栽培的一般配方：0.75 米^3 草炭、0.13 米^3 蛭石、12 米^3 珍珠岩、3.0 千克石灰石、1.0 千克过磷酸钙（20% P_2O_5）、1.5 千克复混肥（$N : P_2O_5 : K_2O = 15 : 15 : 15$）、10.0 千克腐熟的有机肥料。不同作物种类，可根据作物生长特点和需肥规律，调整营养土栽培配方。

二、有机肥料的科学施用

施肥的目的是改善土壤理化性状，协调作物生长环境。充分发挥肥料的增产作用，不仅要协调和满足当季作物增产对养分的要求，还应保持土壤肥力，维持农业可持续发展。土壤、植物和肥料三者之间，既互相关联，又相互影响、相互制约。科学施肥要充分考虑三者之间的相互关系，针对土壤、作物合理施肥。

（一）因土施肥

1. 根据土壤肥力施肥

土壤肥力是土壤供给作物不同数量、不同比例养分，适应作物生长的能力。它包括土壤有效养分供应量、土壤通气状况、土壤保水保肥能力、土壤微生物数量等。

土壤肥力高低直接决定着作物产量的高低，首先应根据土壤肥力确定合适的目标产量。一般以该地块前 3 年作物的平均产量增加 10%作为目标产量。

根据土壤肥力和目标产量确定施肥量。对于高肥力地块，土壤供肥能力强，适当减少底肥比例，增加后期追肥的比例；对于低肥力土壤，土壤供应养分量少，应增加底肥的用量，后期合理追肥。尤其要增加低肥力地块底肥中有机肥料的用量，有机肥料不仅可提供当季作物生长所需的养分，还可培肥土壤。

2. 根据土壤质地施肥

根据不同质地土壤中有机肥料养分释放转化性能和土壤保肥性能，采用不同的施肥方案。

砂土肥力较低，有机质和各种养分的含量均较低，土壤保肥保水能力差，养分易流失。但砂土有良好的通透性能，有机质分解快，养分供应快。砂土应增施有机肥料，提高土壤有机质含量，改善土壤的理化性状，增强保肥、保水性能。但对于养分含量高的优质有机肥料，一次施用量不能太多，施用过量也容易烧苗，转化的速效养分也容易流失。养分含量高的优质有机肥料可分底肥和追肥多次使用，也可深施大量堆腐秸秆和养分含量低、养分释放慢的粗杂有机肥料。

黏土保肥、保水性能好，养分不易流失，但土壤供肥慢，土壤紧实，通透性差，有机成分在土壤中分解慢。在黏土施用的有机肥料必须充分腐熟；黏土养分供应慢，有机肥料应早施，可接近作物根部。

旱地土壤水分供应不足，阻碍养分在土壤溶液中向根表面迁移，影响作物对养分的吸收利用。应大量增施有机肥料，增加土壤团粒结构，改善土壤的通透性，增强土壤蓄水、保水能力。

（二）根据作物需肥规律施肥

不同作物种类、同一种类作物的不同品种对养分的需要量及其比例、对养分的需要时期、对肥料的忍耐程度等均不同，因此在施肥时应充分考虑每种作物的需肥规律，制订合理的施肥方案。

1. 蔬菜类型与施肥方法

（1）需肥期长、需肥量大的类型。这种类型的蔬菜，初期生长缓慢，中后期生长迅速，从根或果实的肥大期至收获期，需要大量养分，以维持旺盛的长势。西瓜、南瓜、萝卜等生育期长的蔬菜，大都属于这种类型。这些蔬菜的前半期，只能看到微弱的生长，一旦进入成熟后期，活力增大，生长旺盛。

从养分需求来看，前期养分需要量少，应在作物生长后期多追肥，尤其是氮肥，但由于作物枝叶繁茂，后期不便施有机肥料。因此，有机肥最好还是作为基肥，施在离根较远的地方，或是作为基肥进行深施。

（2）需肥稳定型。收获期长的番茄、黄瓜、茄子等茄果类蔬菜，以及生育期长的芹菜、大葱等，生长稳定，对养分供应也要求稳定持久。前期要稳定生长形成良好根系，为后期的植株生长奠定好的基础。后期是开花结果时期，既要保证好的生长群体，又要保证养分向果实转移，形成品质优良的产品。因此，这类作物底肥和追肥都很重要，既要施足底肥以保证前期的养分供应，又要注意追肥以保证后期养分供应。一般有机肥料和磷、钾肥均作底肥施用，后期注意追氮、钾肥。同样是茄果类蔬菜，番茄、黄瓜是边生长边收获，而西瓜和甜瓜则是边抑制藤蔓疯长边瓜膨大，故两类作物的施肥方法不同。两者的共同点是多施有机肥作底肥，不同点是在追肥上，西瓜、甜瓜应采用少量多次的原则。

（3）早发型。这类型作物是在初期就迅速生长的蔬菜，像菠菜、莴苣等生育期短、一次性收获的蔬菜就属于这个类型。这些蔬菜若后半期氮肥过多，则品质恶化。所以，应以基肥为主，施肥位置也要浅一些，离根近一些为好。白菜、圆白菜等结球蔬菜，既需要良好的初期生长，又需要其后半期也有一定的长势，保证结球紧实，因此后半期也应追少量氮肥，保证后期的生长。

2. 根据栽培措施施肥

（1）根据种植密度施肥。密度大可全层施肥，施肥量大；密度小，应集中施肥，施肥量减小。果树按棵集中施肥。行距较大但株距小的蔬菜或经济作物，可按沟施肥；行距、株距均较大的作物，可按棵施肥。

（2）注意水肥配合。肥料施入土后，养分的保存、移动、吸收和利用均离不开水，施肥后应立即浇水，防止养分的损失，提高肥料利用率。

（3）根据栽培设施施肥。保护地为密闭的生长环境，应施用充分腐熟的有机肥料，以防有机肥料在大棚内二次发酵，造成氨气富集而烧苗。由于保护地内没有雨水的淋失，土壤溶液中的养分在地表富集容易产生盐害。因此，有机肥料、化肥一次施用量不要过多，而且施肥后应配合浇水。

（三）有机肥料与化肥配合

有机肥料虽然有许多优点，但是它也有一定的缺点，如养分含量少、肥效迟缓、当年肥料中氮的利用率低（20%～30%），因此在作物生长旺盛、需要养分最多的时期，有机肥料往往不能及时供给养分，常常需要用追施化肥的办法来解决。有机肥料和化肥的特点如下。

有机肥料的特点：①含有机质多，有改土作用；②含多种养分，但含量低；③肥效缓慢，但持久；④有机胶体有很强的保肥能力；⑤养分全面，能为增产提供良好的营养基础。

化肥的特点：①能供给养分，但无改土作用；②养分种类单一，但含量高；③肥效快，但不能持久；④浓度大，有些化肥有淋失问题；⑤养分单一，可重点提供某种养分，弥补其不足。

因此，为了获得高产，提高肥效，就必须有机肥料和化肥配合施用，以便取长补短，缓急相济。单方面地偏重有机肥或化肥，都是不合理的。

第四节 主要作物的有机肥替代技术

一、苹果有机肥替代化肥技术

（一）"有机肥+配方肥"模式

1. 秋季施肥

牛粪、羊粪、猪粪等经过充分腐熟的农家肥亩用量 4~8 米^3，或商品有机肥料每亩用量 1 000 千克左右，或豆粕、豆饼类每亩用量 300~400 千克，或商品生物有机肥每亩用量 400~500 千克。同时施入苹果配方肥，渤海湾产区建议配方为 45%（18-13-14 或相近配方），每 1 000 千克产量用 15 千克左右；黄土高原产区建议配方为 45%（20-15-10 或相近配方），每 1 000 千克产量用 25 千克左右。农家肥、商品有机肥、豆粕或生物有机肥用量再增加 20%~100%，配方肥用量减少 10%~50%。另外，每亩施入硅钙镁肥 50 千克左右、硼肥 1 千克左右、锌肥 2 千克左右。

秋施基肥最适时间在 9 月中旬至 10 月中旬，即早中熟品种采收后，对于晚熟品种如富士，最好在采收前，如实际操作确实困难，建议在采收后马上施肥，越快越好。采用条沟法或穴施，施肥深度 30~40 厘米。

2. 第一次膨果肥

果实套袋前后，渤海湾产区建议配方为 45%（22-5-18 或相近配方），每 1 000 千克产量用 12. 5 千克左右；黄土高原产区建议配方为 45%（15-15-15 或相近配方），每 1 000 千克产量用

15 千克左右。采用放射沟法或穴施，施肥深度 15~20 厘米。

3. 第二次膨果肥

7—8 月，渤海湾产区建议配方为 45%（12-6-27 或相近配方），每 1 000 千克产量用 12 千克左右；黄土高原产区建议配方为 45%（15-5-25 或相近配方），每 1 000 千克产量用 10 千克左右。采用放射沟法或穴施，施肥深度 15~20 厘米。宜采取少量多次法，施肥 2~3 次。

（二）"果—沼—畜"模式

1. 沼渣沼液发酵

根据沼气发酵技术要求，对畜禽粪便进行腐熟和无害化处理，后经干湿分离，分沼渣和沼液施用。

2. 秋季施肥

沼渣每亩施用 3 000~5 000 千克、沼液 50~100 米^3。苹果专用配方肥选用高氮中磷低钾型，每 1 000 千克产量用 20~25 千克。另外，每亩施入硅钙镁肥 50 千克左右、硼肥 1 千克左右、锌肥 2 千克左右。秋施基肥最适时间在 9 月中旬至 10 月中旬，即中熟品种采收后。对于晚熟品种如富士，建议在采收后马上施肥，越快越好。采用条沟（或环沟）法施肥，施肥深度 30~40 厘米，先将配方肥撒入沟中，然后将沼渣施入，沼液可直接施入或结合灌溉施入。

3. 第一次膨果肥

果实套袋前后，施用氮磷钾平衡配方复合肥，每 1 000 千克产量用 15 千克左右。采用条沟法施肥，施肥深度 15~20 厘米，同时结合灌溉追入沼液 30~40 米^3。

4. 第二次膨果肥

7—8 月，施用中氮低磷高钾配方复合肥，每 1 000 千克产量用 10 千克左右。采用条沟法施肥，施肥深度 15~20 厘米，同时结合灌溉追入沼液 20~30 米³，采用少量多次法，每隔 15 天灌溉施入 1 次，共 3~5 次。

（三）"有机肥+覆草+配方肥"模式

1. 苹果园覆草

覆草前要先整好树盘，浇一遍水，施一次速效氮肥。覆草厚度以常年保持在 15~20 厘米为宜。覆盖材料因地制宜，作物秸秆、杂草、花生壳、腐熟牛粪等均可采用。覆草适用于山丘地、砂土地，土层薄的地块效果尤其明显，黏土地覆草由于易使果园土壤积水，引起旺长或烂根，不宜采用。另外，树干周围 20 厘米左右不覆草，以防积水影响根颈透气。冬季较冷地区深秋覆一次草，可保护根系安全越冬。覆草果园要注意防火。风大地区可零星在草上压土、石块、木棒等防止草被大风吹走。

2. 秋施有机肥

牛粪、羊粪、猪粪等经过充分腐熟的农家肥亩用量 4~8 米³，或商品有机肥每亩用量 1 000 千克左右，或豆粕、豆饼类每亩用量 300~400 千克，或生物有机肥每亩用量 400~500 千克。同时，施入平衡型苹果配方肥，每 1 000 千克产量用 15 千克左右。另外，每亩施入硅钙镁肥 50 千克左右、硼肥 1 千克左右、锌肥 2 千克左右。秋施基肥最适时间在 9 月中旬至 10 月中旬，即中熟品种采收后。对于晚熟品种如富士，建议在采收后马上施肥，越快越好。采用条沟法或穴施，施肥深度 30~40 厘米。

3. 第一次膨果肥

果实套袋前后，施用高氮中磷高钾配方复合肥，每 1 000 千克产量用 10 千克左右。采用条沟法施肥，施肥深度 15~20 厘米。

4. 第二次膨果肥

7—8 月，施用低氮高钾配方复合肥，每 1 000 千克产量用 10 千克左右。采用条沟法施肥，施肥深度 15~20 厘米。宜采取少量多次法，施肥 3~5 次。

二、柑橘有机肥替代化肥技术

（一）"有机肥+配方肥"模式

1. 秋冬季施肥

目标产量为每亩 2 000~3 000 千克的柑橘园，每亩施用商品有机肥（含生物有机肥）300~500 千克，或牛粪、羊粪、猪粪等经过充分腐熟的农家肥 2~4 米³；同时，配合施用 45%（14-16-15 或相近配方）配方肥 30~35 千克。于 9 月下旬至 11 月下旬施用，中熟品种采收后施用，晚熟或越冬品种在果实转色期或套袋前后施用，采用条沟法或穴施，施肥深度 20~30 厘米，或结合深耕施用。

2. 春季施肥

2 月下旬至 3 月下旬施用。建议选用 45%（20-13-12 或相近配方）的高氮中磷中钾配方肥，每亩用量 35~45 千克；施肥方法采用条沟法、穴施，施肥深度 10~20 厘米。注意补充硼肥。

3. 夏季施肥

通常在 6—8 月，果实膨大期分次施用。建议选择 45%（18-5-22 或相近配方）配方肥，每亩施用量 40~50 千克。施肥方法采用条沟法、穴施或兑水浇施，施肥深度 10~20 厘米。

（二）"自然生草+绿肥"模式

1. 柑橘园生草栽培

柑橘园在秋季播种豆科绿肥，于 9—10 月，采用行间带状种植，一般在距离树基 0.5~1 米以外种植绿肥，于翌年 3 月刈割翻压后作为肥料。5—7 月，自然生草，当草或绿肥生长到 30 厘米左右或季节性干旱来临前适时刈割后覆盖在行间和树干周围，起到保水、降温、改土培肥等作用。

2. 春季施肥

3 月在绿肥翻压的同时配合施用配方肥。建议选用高氮中磷中钾配方肥45%（20-13-12 或相近配方），每亩施用 28~35 千克；施肥方法采用条沟法、穴施，施肥深度 10~20 厘米。注意补充硼肥。

3. 夏季施肥

通常在 6—8 月果实膨大期分次施用。建议选择45%（18-5-22 或相近配方）配方肥，每亩施用 40~50 千克。施肥方法采用条沟法、穴施或兑水浇施，施肥深度 10~20 厘米。

4. 秋冬季施肥

每亩施用商品有机肥（含生物有机肥）300~500 千克，或牛粪、羊粪、猪粪等经过充分腐熟的农家肥 2~4 米^3；同时配合施用45%（14-16-15 或相近配方）配方肥 30~35 千克。于 9 月下旬至 11 月下旬施用，采用条沟法或穴施，施肥深度 20~30 厘米，或结合深耕施用。

三、设施蔬菜有机肥替代化肥技术

（一）"有机肥+配方肥"模式

1. 设施番茄

（1）基肥。移栽前，每亩基施猪粪、鸡粪、牛粪等经过充分腐熟的农家肥 5~8 米^3，或施用商品有机肥（含生物有机肥）400~800 千克，同时根据有机肥用量，基施45%（18-18-9 或相近配方）的配方肥 30~40 千克。

（2）追肥。每次每亩追施45%（15-5-25 或相近配方）的配方肥 7~10 千克，分 7~11 次随水追施。施肥时期为苗期、初花期、坐果期、果实膨大期、根据收获情况，每收获 1~2 次追施 1 次肥。

2. 设施黄瓜

（1）基肥。移栽前，每亩基施猪粪、鸡粪、牛粪等经过充分腐熟的农家肥 7~10 米³，或施用商品有机肥（含生物有机肥）400~800 千克，同时根据有机肥用量，基施 45%（18-18-9 或相近配方）的配方肥 30~40 千克。

（2）追肥。每次每亩追施 45%（17-5-23 或相近配方）的配方肥 10~15 千克。追肥时期为三叶期、初瓜期、盛瓜期，初花期以控为主，盛瓜期根据收获情况每收获 1~2 次追施 1 次肥。秋冬茬和冬春茬共分 7~9 次追肥，越冬长茬共分 10~14 次追肥。每次每亩追肥控制纯氮用量不超过 4 千克。

（二）"菜—沼—畜"模式

1. 沼渣沼液发酵

将畜禽粪便、蔬菜残茬和秸秆等物料投入沼气发酵池中，按 1∶10 的比例加水稀释，再加入复合微生物菌剂，对畜禽粪便、蔬菜残茬和秸秆等进行无害化处理，生产沼气，充分发酵后的沼渣、沼液直接作为有机肥施用在设施菜田中。

2. 设施番茄

（1）基肥。每亩施用沼渣 5~8 米³，或用猪粪、鸡粪、牛粪等经过充分腐熟的农家肥 5~8 米³，或施用商品有机肥（含生物有机肥）400~800 千克，同时，根据有机肥用量基施 45%（14-16-15 或相近配方）的配方肥 30~40 千克。

（2）追肥。在番茄苗期、初花期，结合灌溉分别冲施沼液每亩 3~4 米³；在坐果期和果实膨大期，结合灌溉将沼液和配方肥分 5~8 次追施。其中，沼液每次每亩追施 3~4 米³，45%（15-5-25 或相近配方）的配方肥每次每亩施用 8~10 千克。

3. 设施黄瓜

（1）基肥。每亩施用沼渣 6~8 米³，或用猪粪、鸡粪、牛粪等经过充分腐熟的农家肥 4~8 米³，或施用商品有机肥（含生物有机肥）400~800 千克，同时，根据有机肥用量基施 45%（14-16-15 或相近配方）的配方肥 30~40 千克。

（2）追肥。在黄瓜的苗期、初花期，结合灌溉分别冲施沼液每亩 3~4 米³。在初瓜期和盛瓜期，结合灌溉将沼液和配方肥分 8~12 次追施。其中，每次每亩追施沼液 3~4 米³、45%（17-5-23 或相近配方）的配方肥 8~12 千克。

(三)"秸秆生物反应堆"模式

1. 秸秆生物反应堆构建

（1）操作时间。晚秋、冬季、早春建行下内置反应堆，如果不受茬口限制，最好在作物定植前 10~20 天做好，浇水、打孔待用。晚春和早秋可现建现用。

（2）行下内置式反应堆。在小行（定植行）位置，挖一条略宽于小行宽度（一般 70 厘米）、深 20 厘米的沟，把秸秆填入沟内，铺匀、踏实，填放秸秆高度为 30 厘米，两端让部分秸秆露出地面（以利于往沟里通氧气），然后把 150~200 千克饼肥和用麦麸拌好的菌种均匀地撒在秸秆上，再用铁锨轻拍一遍，让部分菌种漏入下层，覆土 18~20 厘米。之后在大行内浇大水湿透秸秆，水面高度达到垄高的 3/4。浇水 3~4 天后，在垄上用 14# 钢筋打 3 行孔，行距 20~25 厘米，孔距 20 厘米，孔深以穿透秸秆层为准，等待定植。

（3）行间内置式反应堆。在大行间，挖一条略窄于小行宽度（一般 50~60 厘米）、深 15 厘米的沟，将土培放垄背上或放两头，把提前准备好的秸秆填入沟内，铺匀、踏实，高度为 25 厘米，南北两端让部分秸秆露出地面，然后把用麦麸拌好的菌种均匀地撒在秸秆上，再用铁锨轻拍一遍，让部分菌种漏入下层，覆土 10 厘米。浇水湿透秸秆，然后及时打孔即可。

（4）注意事项。一是秸秆用量要和菌种用量搭配好，每500千克秸秆用菌种1千克。二是浇水时不要冲施化学农药，特别要禁冲杀菌剂，但作物上可喷农药预防病虫害。三是浇水，浇水后4~5天要及时打孔，用14#钢筋每隔25厘米打1个孔，要打到秸秆底部，浇水后孔被堵死要再打孔，地膜上也要打孔。每次打孔要与前次打的孔错位10厘米，生长期内保持每月打一次孔。四是减少浇水次数，一般常规栽培浇2~3次水的，用该项技术只浇1次水即可。有条件的，用微灌控水增产效果最好。在第一次浇水湿透秸秆的情况下，定植时不要再浇大水，只浇小缓苗水。

2. 施肥建议

（1）设施番茄。基肥采用配方为35%（8-18-9或相近配方）的配方肥，用量每亩40千克，施用方式为穴施。追肥采用45%（15-5-25或相近配方）的配方肥，每次每亩施用10~20千克，分7~11次随水追施。施肥时期为苗期、初花期、初果期、盛果期，根据收获情况，每收获1~2次追施1次肥，结果期每次追施氮肥每亩不超过4千克。

（2）设施黄瓜。基肥采用配方为35%（8-18-9或相近配方）的配方肥，用量每亩40千克，施用方式为穴施。追肥采用为45%（17-5-23或相近配方）的配方肥，每次每亩施用15~20千克，初花期以控为主，秋冬茬和冬春茬分7~9次追肥，越冬长茬分10~14次追肥。每次追施氮肥数量每亩不超过4千克。追肥时期为三叶期、初瓜期、盛瓜期，盛瓜期根据收获情况每收获1~2次追施1次肥。

第五章　新型肥料使用技术

第一节　缓控释肥料

缓控释肥料是以各种调控机制使其养分最初释放延缓，延长植物对其有效养分吸收利用的有效期，使其养分按照设定的释放率和释放期缓慢或控制释放的肥料。其判定标准：25 ℃静水中浸泡 24 小时后释放率不超过 15%且在 28 天的释放率不超过 75%的，但在标明释放期时其释放率能达到 80%以上。

一、脲醛缓释肥料

脲醛缓释肥料是指由尿素和醛类在一定条件下反应制得的有机微溶性氮缓释肥料。脲醛缓释肥料主要的品种有丁烯叉二脲、脲甲醛和异丁叉二脲。

（一）丁烯叉二脲

丁烯叉二脲又名脲乙醛，是一种常用的脲醛类缓释肥料，由乙醛缩合为丁烯叉醛，在酸性条件下再与尿素结合而成。

丁烯叉二脲在土壤中的溶解度与土壤温度和 pH 有关，随着土壤温度的升高和土壤溶液酸度的增加，其溶解度增大。丁烯叉二脲在酸性土壤中的供肥速率大于在碱性土壤中的供肥速率。施入土壤后，丁烯叉二脲分解的最终产物是尿素和 β-羟基丁醛，尿素进一步水解或直接被植物吸收利用，而 β-羟基丁醛则被土壤微生物氧化分解成二氧化碳和水，并无残毒。

丁烯叉二脲可作基肥一次施用。当土壤温度为 20 ℃左右时，丁烯叉二脲施入土壤 70 天后有比较稳定的有效氮释放率，因此，施于牧草或观赏草坪肥效较好。如果用于速生型作物，则应配合速效氮肥施用。

（二）脲甲醛

脲甲醛又称尿素甲醛，含氮 36%～38%，其中冷水不溶性氮占 28%，是缓释氮肥中开发最早且实际应用较多的品种，其主要成分为低分子量形式甲撑脲类，含脲分子 2～6 个。这一产品是由尿素和甲醛缩合而成的，甲醛是一种防腐剂，施入土壤后抑制微生物的活性，从而抑制了土壤中各种生物学转化过程而使其长效，当季作物仅释放 30%～40%。其最终产物为不同链长和分子量的甲基尿素聚合物的混合物，聚合物的范围从一甲基二脲至五甲基六脲，尿素甲醛的活度决定于该混合物中不同聚合物的比例。分子链越短的，其氮素就越易被作物吸收利用。

1. 施用方法

（1）脲甲醛缓释氮肥的基本优点是在土壤中释放慢，可减少氮的挥发、淋失和固定；在集约化农业生产中，可以一次大量施用不致引起烧苗，即使在砂土和多雨地区也不会造成氮素损失，保持其后效。常见脲甲醛肥料的品种有尿素甲醛缓释氮肥、尿素甲醛缓释复混肥料、脲醛缓释掺混肥料等，既有颗粒状也有粉块状，还可配制液体肥供施用。

（2）脲甲醛施入土壤后，主要在微生物作用下水解为甲醛和尿素，尿素进一步分解为氨、二氧化碳等供作物吸收利用，而甲醛则留在土壤中，在它未挥发或分解之前，对作物和微生物生长均有副作用。

（3）脲甲醛常作基肥一次性施用，既可以单独使用，也可以与其他肥料混合施用。以等氮量比较，对于棉花、小麦、谷子、玉米等作物，脲甲醛的当季肥效低于尿素、硫酸铵和硝酸铵。因此，将脲甲醛直接施于生长期较短的作物时，必须配合速效氮肥施用。如不配速效氮肥，往往在作物前期会出现供氮不足的现象，难以达到高产目标，却白白增加了施肥成本。在有些情况下要酌情追施硫酸铵、尿素。当然，任何情况下基肥都不能忽视磷、钾肥的匹配，如过磷酸钙和氯化钾等。

2. 注意事项

（1）脲甲醛产品性能。根据国家已发布的相应标准规定，脲甲醛肥料产品应在包装袋上标明总氮含量、尿素氮含量、冷水不溶性氮含量、热水不溶性氮含量，如产品为吨包装时，需要标明脲甲醛种类、总氮含量、尿素氮含量、冷水不溶性氮含量、热水不溶性氮含量、净含量、生产企业名称、地址。

（2）在选购脲甲醛肥料产品时，要通过仔细阅读或找有关人员咨询了解产品性能，以防看不准。目前市场上许多广告宣传不但不切实际地夸大，还有套用新型肥料欺骗和误导消费者的现象。

（三）异丁叉二脲

异丁叉二脲别名亚异丁二脲、脲异丁醛，含氮32.18%，在水中溶解度很小。异丁叉二脲属于尿素深加工产品，其生产方法是用尿素和异丁醛在催化剂作用下经缩合反应生成，一般反应温度控制在50 ℃左右，生成的异丁叉二脲不溶于水，结晶析出后经分离即得合格产品。

异丁叉二脲适用于各种作物，作基肥用时，它的利用率比脲甲醛高1倍。还可以作缓释氮肥用于花卉栽培。施用方法灵活，可单独施用，也可作为混合肥料或复合肥料的组成成分。可以按任何比例与过磷酸钙、熔融磷酸镁、磷酸氢二铵、尿素、氯化钾

等肥料混合施用。

此外，异丁叉二脲也可以作为饲料添加剂使用，用作饲料添加剂可以代替蛋白质饲料，使反刍动物增重、增奶。

二、长效碳酸氢铵

（一）长效碳酸氢铵概述

长效碳酸氢铵又称缓释碳酸氢铵，即在碳酸氢铵粒肥表面包上一层钙镁磷肥。在酸性介质中钙镁磷肥与碳酸氢铵粒肥表面起作用，形成灰黑色的磷酸镁铵包膜。这样既阻止了碳酸氢铵的挥发，又控制了氮的释放，延长肥效。包膜物质还能向作物提供磷、镁、钙等营养元素。长效碳酸氢铵物理性状的改良，使其便于机械化施肥。

（二）长效碳酸氢铵的施用方法

1. 水稻

主要采用全层施肥法，每亩参考用量为 60～80 千克，肥料充分混匀之后在翻地前施于地表，然后将其翻入 15～20 厘米深的土壤还原层中，再进行泡田、整地、插秧。水稻施用长效碳酸氢铵，基施与追施比例大约为 7∶3，即 70% 左右的长效碳酸氢铵作基肥，30% 左右的长效碳酸氢铵作追肥。

2. 小麦

主要采用全层施肥法，每亩参考用量为 30～60 千克。在耕翻整地前用人工或撒肥机把混匀后的肥料撒于地表，立即进行犁地，将肥料翻入 15～20 厘米深的土层中，然后进行播种。

3. 玉米

每亩参考用量为 70～80 千克。肥力较高、蓄水蓄肥能力较强的黏质土壤，参考施肥量一般为 60～70 千克。在玉米播种整地前或在玉米播种时将其一次性施入，免去追肥工序，省工省力；施肥深度一般为 10～15 厘米；肥料与种子之间的距离不少于 10 厘米，以避免烧种伤苗。

4. 黄瓜、番茄等蔬菜

每亩参考用量为 100～130 千克，适宜的施用量应根据蔬菜品种、目标产量、菜地土质等因素来确定。施用方法为一次基施，常用的有垄沟施肥法和全层施肥法，应根据蔬菜的栽培方式而定。

（1）垄沟施肥法。在整地前，将长效碳酸氢铵与农家肥、磷肥、钾肥等混合，均匀施入垄沟，垄沟的深度在 20 厘米左右，然后起垄播种或栽植；垄作可采用垄沟施肥法。

（2）全层施肥法

在整地前，将长效碳酸氢铵与农家肥、磷肥、钾肥等混合，均匀施于地表，然后翻入 20 厘米深的土层中，再做畦播种或栽植；畦作宜用全层施肥法。

5. 苹果等果树

长效碳酸氢铵在果树上的参考用量一般为每亩 50～80 千克。常用的施肥方法有如下 3 种。

（1）条状施肥法。在果树的行与行之间开条状沟，深度为 15～30 厘米，把肥料均匀施入，然后用土压实。

（2）辐射状施肥法。以树干为中心向外开辐射状沟，深度为 15～30 厘米，把肥料均匀施入，然后用土压实。

（3）环状施肥法。树冠投影外开环状或半环状沟，深度为 15～30 厘米，把肥料均匀施入，然后用土压实。

三、长效尿素

（一）长效尿素概述

长效尿素又叫缓释尿素，长效尿素是在普通尿素生产过程中添加一定比例的脲酶抑制剂或硝化抑制剂而制成的。长效尿素为浅褐色或棕色颗粒，含氮46%。作基肥或种肥一次施入，不必追肥。

(二) 长效尿素的施用方法

长效尿素肥效期长，利用率高，所以在施用技术上与普通尿素有所不同。具体应用效果和施用技术因不同作物而异，同时要与不同耕作制度和土壤条件结合起来，尽可能简化操作，节省费用。对于一般作物，如小麦、水稻、玉米、棉花、大豆、油菜，可在播种 (移栽) 前1次施入。在北方除春播前施用外，还可在秋翻时将长效尿素施入农田。如需要作追肥，一定要提前进行，以免作物贪青晚熟。长效尿素施用深度为10~15厘米，施于种子斜下方、两穴种子之间或与土壤充分混合，既可防止烧种烧苗，又可防止肥料损失。

1. 水稻

长效尿素用作基肥要深施，每亩参考用量为12~16千克，施肥深度一般为10~15厘米。

2. 小麦

每亩参考用量为10~15千克。垄作时，先将肥料撒在原垄沟中，然后起垄，肥料即被埋入垄内；或者整地起垄后，施肥与播种同时进行。不管怎样施肥，要保证种子与肥料间的距离在10厘米以上。畦作小麦，通常采用全层施肥法，即先将肥料均匀地撒在地表，然后通过翻地将肥料翻入土中，之后进一步耙地、做畦、播种，此时肥料主要在下层，少部分肥料分布在上层土壤。畦作小麦的翻地深度应不低于20厘米，以免肥料过于集中，影响小麦出苗。

3. 玉米

施肥方法有以下3种。

（1）全层施肥法。在翻地整地之前，将缓释肥料用撒肥机或人工均匀撒于地表，然后立即进行翻地整地，使肥料与土壤充分混合，减少肥料的挥发损失，翻地整地后，可根据当地的耕作方式，进行平播或起垄播种。

（2）种间施肥法。播种时，先开沟，用人工将肥料施在种子间隔处，使肥料不与种子接触，保持一定的间隔，防止烧种，在人多地少、机械化程度不高地区，多采用种间施肥法。

（3）侧位施肥法。采用播种施肥同步进行的机械，使种子与肥料间隔距离 10 厘米以上，播种、施肥一次作业，注意防止由于肥料施用量集中出现的烧种现象。

每亩参考用量为 15~22 千克。要注意种子与肥料的距离，一般以 10~15 厘米为宜。施肥量越大，要求肥料与种子之间保持的距离越大。长效尿素最好施在种子的斜下方，而不宜施在种子的垂直下方，以防幼根伸展时受到伤害。

4. 大豆

长效尿素既能满足大豆对氮素的需要，又不妨碍根瘤的正常固氮。长效尿素采用侧位深施肥方式，深开沟侧位施肥，合垄后，在另一侧等距离点播或条播种子，每亩以 10 千克左右为宜。

5. 棉花

垄作时，采用条施法，先开 15 厘米深的沟，将长效尿素均匀撒入沟内，必要时与其他肥料一起施在沟内，然后合垄，常规播种。

6. 高粱

每亩参考用量为 15~25 千克，肥料与种子不能接触，应采用侧位施肥法，以防止长效尿素作基肥施用时烧伤种子和幼苗。即首先深开沟，把肥料点施于播种沟的一侧（使肥料施于深 15~20 厘米的土层中），然后种子点播在另一侧。为了防止烧伤种

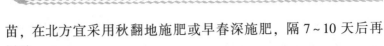

苗，在北方宜采用秋翻地施肥或早春深施肥，隔 7~10 天后再播种。

7. 花生

每亩参考用量为 5~10 千克，再根据土壤肥力和目标产量加以确定，并配以有机肥、磷肥和钾肥。施肥方法采用条播深施法，即一次基施侧位施肥，深开沟侧位施肥，合垄后，在另一侧等距点播或条播花生种子。

8. 油菜

施用量应根据油菜品种、目标产量以及土壤肥力来确定。最好配施硫酸钾肥。施肥方法是将长效尿素与其他的肥料混在一起，条施于种子的侧面下方，确保肥料与种子之间的距离不小于10 厘米，以防止烧种伤苗。

9. 甘蔗

一次基施长效尿素不能满足甘蔗整个生育期的需要，但是可以减少追肥次数，一般追施 1~2 次即可。每亩参考用量为 40~60 千克。一般以 50% 的肥料作基肥，另 50% 作为追肥分 2 次追施，追肥的时间要适当提前。特别是在后期要控制氮肥不要过多，避免氮素供应过多影响糖分的积累。施用方法可以采用侧位条施法或全层施肥法，但要注意肥料和插种蔗苗的距离，以防烧根伤苗。

10. 甜菜

每亩参考用量为 5~30 千克。施用方式可采用穴施或条施法，种子与肥料之间的距离为 12~15 厘米，以免伤害甜菜幼苗。

四、长效复合（混）肥

（一）长效复合（混）肥概述

长效复合（混）肥，又称缓释复合（混）肥。在复合

（混）肥工业生产过程中，添加适当的适量抑制剂或活化剂，即可生产出缓释复合（混）肥料。中国科学院沈阳应用生态研究所研制出的系列缓释专用复合（混）肥，具有缓释长效、高浓度、多元素等特点，并根据不同土壤类型和不同作物品种，进行科学配方，专用性强。

（二）长效复合（混）肥的施用方法

1. 水稻

采用全层施肥法，每亩参考用量为 12~16 千克。将混匀后的肥料在整地时一次基施，使肥料与土壤在整地过程混拌均匀，翻入 15~20 厘米深的土壤还原层中，再进行泡田、整地、插秧。水稻施用长效复合（混）肥后，一般不需要再进行追肥。

2. 小麦

每亩参考用量为 10~15 千克，在整地时一次基施，使肥料与土壤在整地过程中混拌均匀，翻入深约 15 厘米的土壤层中，再进行播种。一般不需要再进行追肥。

3. 玉米

长效复合（混）肥一次基施，不需要再进行追肥。施肥方法有全层施肥法、种间施肥法、侧位施肥法 3 种，可根据具体条件加以选用。一般施肥深度为 10~15 厘米，为了避免烧种、伤苗，肥料与种子之间的距离必须大于 5 厘米；施肥量应根据土壤肥力状况和玉米目标产量决定，一般肥力土壤的参考施肥量为 50~60 千克/亩。

五、控释肥料

（一）控释肥料概述

控释肥料，是指能按照设定的释放率（%）和释放期（天）来控制养分释放的肥料。控释肥料中具有控释效果的氮、钾中的一种或两种统称控释养分，控释养分定量表述时不包含没有控释效果的那部分养分量。例如，配合式为 15-15-15 的三元控释复混肥料中占肥料总质量 10% 的氮具有控释效果，则称氮为控释养分，定量表述时，则指 10% 的氮为控释养分。控释养分的释放时间，以控释养分在 25 ℃ 静水中浸提开始至达到 80% 的累积养分释放所需的时间（天）来表示。

（二）控释肥料的施用方法

控释肥在农业上的施用范围非常广泛，粮食作物、油料作物以及蔬菜、瓜果等均可以应用，但具体的施用方法和施用量因作物而不同。

1. 小麦

作基肥使用，一般每亩施控释肥料 40 千克左右，宜撒施或条施。撒施：在整地前均匀撒施于地表，然后翻地耙平，播种小麦。条施：先整地耙平，然后用机械条播，一行麦种间隔一行肥料，肥料施在种子的侧下方，深 6～8 厘米，并覆土。生产中要根据土壤肥力和产量确定具体施肥量，高产麦田需要较高的施肥量；要根据麦田的保肥水能力确定是否需要追肥，砂土要视苗情追肥；注意种肥隔离，以 5～10 厘米为宜。

施用控释肥料后，在小麦的生长初期，表现为出苗全，麦苗长势旺、苗壮、苗青、苗高；在返青分蘖期，表现为返青快、分蘖多；在生长中后期，表现为株高苗壮、叶片宽厚肥大、叶色呈现深绿色、根系发达，很少有倒伏现象；在结穗期，表现为无效穗少，成穗率提高 15%～20%，穗大且多，产量高，每亩产量增加 15% 左右。在整个生长期，麦苗生产健壮，抗病虫害能力强，病虫害发生很轻。

2. 玉米

一般玉米田每亩施控释肥料 40～50 千克，在玉米苗期一次施入作为底肥，穴施或条施，距根 5~10 厘米施用，注意覆土，不要把肥料直接撒施在土壤表面。施用量要根据目标产量而定，超高产玉米田，每增加 100 千克的玉米产量，需增加施用量 10~15 千克。

施用控释肥料后，玉米根系比较发达，固定根粗壮。前期控制幼苗长势，增强抗倒伏性；生育期植株长势健壮，根系发达，叶片肥厚，叶色深绿，光合作用强；成熟期棒大，籽粒饱满，秃顶小，产量提高。

3. 水稻

一般在插秧前一次性均匀撒施于地表，耕翻后种植，一般每亩施控释肥料 35~40 千克。

施用控释肥料后，秧苗平均高度增加，有效分蘖较多，无效分蘖减少。生长期叶色较深，秸秆强壮，抗倒伏；穗期成穗多，穗大，籽粒饱满，结实率提高，产量提高。

4. 棉花

可在距离棉苗 15 厘米处沟施或穴施，施后覆土；施用量因产量、地力不同而异，一般每亩施控释肥料 35~40 千克。施用控释肥料后，苗期植株叶片较厚。在花铃期生长旺盛，现蕾数多，结铃多，铃大；开花结铃期长，增产效果明显。

5. 花生

作为底肥条沟施用，施用量因产量、地力不同而异，一般每亩施控释肥料 20~40 千克。

施用控释肥料后，花生叶色浓绿，植株平均较高，荚果数量多，籽粒饱满，荚果成熟较早，根系比较发达，单株果数、单株果重和饱仁重都明显提高，产量得到显著提高。同时，花生籽粒蛋白质、脂肪、可溶性糖、维生素 C 及氨基酸含量也均不同程度地得到提高，花生的品质得到明显的改善。

6. 苹果、桃、梨

可在离树干 1 米左右的地方呈放射状或环状沟施，深 20~40 厘米，近树干稍浅，树冠外围较深，将控释肥料施入后埋土。应根据控释肥料的释放期，确定追肥的间隔时间。一般情况下，结果果树每株 0.5~1.5 千克，未结果果树每亩施 50 千克。

施用控释肥料后，树势强壮，叶色浓绿，叶片较厚；果实较大，均匀，颜色鲜亮；结果多，产量提高；在部分树种上果实硬度、可溶性固形物含量、维生素 C 含量等提高，品质提高明显。

7. 葡萄

在葡萄上施用控释肥料可分 4 个阶段：第一阶段是葡萄萌芽以后长到 15~20 厘米，每亩追施 40 千克控释肥料加 5~10 千克氮肥；第二阶段是葡萄谢花以后，葡萄长到黄豆粒大小时再每亩追施 60 千克左右控释肥料；第三阶段是葡萄开始膨大时，也就是着色阶段，可以每亩再追施 60 千克控释肥料；第四个阶段是葡萄下架以后，每亩施 15~25 千克控释肥料，采用条沟施比较合适，距离葡萄 40 厘米左右，呈三角式犁沟，埋好土以后，再浇一遍水，尽量不要透气和干燥。

施用控释肥料后，葡萄植株长势好，葡萄的新梢长度和节间长度显著降低，新梢夏芽萌发的副梢数量明显减少，枝蔓粗壮；叶片颜色浓绿、叶片较厚；果实较大，穗整齐，果实成熟较早，着色比较均匀，成熟期提前 2~3 天，糖度显著提高。

8. 蔬菜

科学配合有机肥施用，一般亩施控释肥料 35~50 千克。可撒施，均匀撒于地表，翻耕、耧平耙实；也可沟施，深度 6~8 厘米，覆土。适宜在生长期较长（不低于 50 天）的蔬菜上施用，每收获一批产品，需要冲施 20 千克左右的冲施肥；种肥距离以 5~6 厘米为宜。

施用控释肥料后，植株比较健壮，抗病、抗逆性较强。在番茄上应用，后期能明显促进番茄的生长发育，株高、茎粗显著增加，颜色浓绿，果实着色均匀、个头一致，脐腐病的为害轻；番茄品质改善明显，其糖酸比、维生素 C 含量和可溶性蛋白质含量增加，硝酸盐含量降低。大葱施用控释肥料后株高、茎粗、葱白长均有所提高，增产 22.0% 以上，同时品质提高明显，维生素 C 含量提高 1.64%～24.29%，硝态氮含量降低 23.18%～39.71%。

9. 马铃薯

用于底肥，每亩施控释肥料 75～90 千克，集中条沟施，覆土；种肥距离以 5～6 厘米为宜。

试验表明，施用控释肥料后马铃薯株高增加 5.94%，茎粗增加 9.04%，叶绿素增加 5.55%；干物质量提高 8.86%，单块茎重提高 11%，产量提高 8.35%；病害减少，地下害虫为害减轻，薯块色泽好，无虫眼；维生素 C 和可溶性糖含量增加，品质提高。

（三）控释肥料的注意事项

1. 肥料种类的选择

根据控释期和养分含量控释肥料有多个种类，不同控释期主要对应于作物生育期，不同养分含量主要对应不同作物的需肥量，因此在施肥过程中一定要有针对性地选择施用。

2. 施用时期

控释肥料一定要作基肥或前期追肥，即在作物播种时或在播种后的幼苗生长期施用。

3. 施用量

建议控释肥料按照往年施肥量的 80% 进行施用，根据不同目标产量和土壤条件相应适当调整。

4. 施用方法

施用控释肥料要做到种肥隔离，沟（条）施覆土，像玉米、棉花等一般要求种子和肥料的间隔距离为 7~10 厘米，施入土中的深度在 10 厘米左右。

六、稳定性肥料

（一）稳定性肥料概述

稳定性肥料是指通过一定工艺加入脲酶抑制剂和（或）硝化抑制剂，施入土壤后能通过脲酶抑制剂抑制尿素的水解，和（或）通过硝化抑制剂抑制铵态氮的硝化，使肥效期得到延长的一类含氮肥料（包括含氮的二元或三元肥料和单质氮肥），是在传统肥料中加入氮肥增效剂来延长肥效期的一类产品的统称。其具有以下优点。

①稳定性肥料肥效期长，一次施肥，养分有效期可达 110~120 天；②养分利用率高，平均养分利用率可达 42%~45%，其中氮利用率达 40%~45%，磷利用率为 25%~30%，比普通肥料利用率提高 12%~15%；③供给养分平稳，增产效果明显，增产幅度 10% 以上，减少 20% 施肥量不减产；④环境友好，成本低，成本只比普通复合肥增加 2%~3%，可以广泛用于粮食作物。

（二）稳定性肥料的施用方法

1. 玉米

稳定性肥料在东北地区可以采用"一炮轰"的方法，可以做到一次性施肥免追肥，一般以 25~55 千克/亩（东北地区 30~40 千克/亩）作底肥一次性施入，需要注意的是要做到种肥隔离（7 厘米以上）。

2. 水稻

稳定性肥料在水稻上的一般施肥量：早稻用量为 30~40 千克/亩，晚稻用量为 40~50 千克/亩，单季稻用量为 50~60 千克/亩，作底肥一次性施入，可根据实际情况追施返青肥。

3. 小麦

一般有机肥、磷肥全部作底肥，可结合耕地亩施有机肥 1 000~1 500 千克、稳定性肥料 50~60 千克，作底肥一次性施入。

4. 大豆

结合耕翻整地亩施有机肥 1 000~2 000 千克、稳定性大豆专用肥 25~30 千克，作底肥一次性施入。

5. 花生

一般亩施有机肥 2 500~3 000 千克、稳定性复合肥 40~60 千克、硼砂 1 千克，作底肥一次性施入，并精细整地。

6. 棉花

一般结合整地亩施农家肥 1 000~1 500 千克、稳定性肥料 45~55 千克，作底肥一次性施入。

7. 茶树

稳定性肥料亩施用量约 150 千克，一年分 2 次施入。施入方法为在植株旁挖 15 厘米深的沟进行沟施。施肥时间 5 月上中旬一次，另一次施用时间一般在 11 月中下旬至 12 月上旬（以 20 年生茶树为参考）。

8. 甘蔗

一般亩施充分腐熟的有机肥 1 500~2 000 千克，配以亩施纯氮磷钾 67~80 千克。稳定性肥料基肥亩施 23~28 千克、追肥亩施 44~52 千克（5 月底）。

9. 马铃薯

底肥：一般亩施有机肥 2 000~3 000 千克、稳定性肥料（16-8-18）80~120 千克，作底肥一次性施入。基肥一般在耕地前，将肥料撒施地表，随耕地翻入土中，耕深以 20~25 厘米为宜。

10. 辣椒

亩施有机肥 3 000～5 000 千克、稳定性肥料 120 千克，作底肥一次性施入。

11. 胡萝卜

一般亩施腐熟有机肥 1 000 千克、稳定性肥料 50～60 千克，作底肥一次性施入，施肥后深耕细耙。

12. 加工番茄

一般亩施优质的腐熟有机肥 5 000～6 000 千克、稳定性肥料 60～70 千克，作底肥一次性施入。

13. 苹果

基肥：不同树龄的果实施肥量不同，亩产 1 000 千克苹果，亩施农家肥 1 000 千克；亩产 2 000 千克苹果，亩施农家肥 2 500～3 000 千克；亩产 3 000 千克苹果，亩施农家肥 3 000～5 000 千克；同时施入稳定性肥料 30～40 千克。

追肥：可在土壤化冻后至苹果发芽前（3 月 10—30 日）施用，亩施稳定性肥料 50～60 千克。

14. 龙眼

施用稳定性肥料可减少施肥次数，在 2 月（顶芽萌动）利用断根沟施 50 千克/株鸡鸭粪作底肥，5 月底（幼果期）施入稳定性肥料 1.2～1.4 千克/株，9 月中旬（采果后）再次施入稳定性肥料 1.2～1.4 千克/株（以 20 年生龙眼为依据）。

15. 菠萝

建议施用稳定性肥料 90～130 千克/亩，其中 30%基施、70%追施。

(三) 稳定性肥料的注意事项

（1）稳定性肥料的特点就是速效性慢、持久性好，为了达到快速吸收的目的，和普通肥料相比需要提前几天施用。

（2）理论上稳定性肥料肥效久，肥效可达到90～120天，常见蔬菜、大田作物一季施用一次即可，注意配合施用有机肥，效果理想。

（3）如果作物生长前期以长势为主，需要补充氮肥，见效快。

（4）稳定性肥料溶解比较慢，适合作底肥。

（5）各地的土壤墒情、气候等不一样，需要根据作物生长状况进行肥料补充。

（6）稳定性肥料是在普通肥料的基础上添加一种肥料增效剂，主要是起肥效缓释的作用。

第二节　水溶肥料

水溶肥料是指以氮、磷、钾为主的，完全溶解于水、用于滴灌施肥和喷灌施肥的二元或三元肥料。水溶肥料具有施用方法简单、施用方便等特点，因此在全世界得到了广泛应用。水溶肥料主要有大量元素水溶肥料、中量元素水溶肥料、微量元素水溶肥料、含腐植酸水溶肥料、含氨基酸水溶肥料等。

一、大量元素水溶肥料

大量元素水溶肥料，是指以大量元素氮、磷、钾为主要成分，按照适合植物生长所需比例，添加微量元素铜、铁、锰、锌、硼、钼或中量元素钙、镁制成的液体或固体水溶肥料。

大量元素水溶肥料营养全面，可以为作物提供其所需的营养元素，可用作基肥、追肥、冲施肥、叶面施肥、浸种、蘸根以及灌溉施肥。叶面施肥，把肥料先按要求的倍数稀释溶解在水中，进行叶面喷施，也可以和非碱性农药一起施用；灌溉施肥，包括喷灌、滴灌、冲施等，直接冲施易造成施肥不均匀，出现烧苗伤根、苗小苗弱的现象。生产中一般采取二次稀释法，保证冲肥均匀，提高肥料利用率。大量元素水溶肥料养分含量高、速效性强，在施肥过程中，严格按照肥料使用说明方法和用量进行使用，避免造成肥害。

二、中量元素水溶肥料

中量元素水溶肥料，是指以中量元素钙、镁按照适合植物生长所需比例，添加适量微量元素铜、铁、锰、锌、硼、钼制成的液体或固体水溶肥料。

中量元素水溶肥料，一般用作基肥、追肥和叶面施肥。基肥：与化肥或有机肥混合撒施或掺细沙后单独撒施；追肥：采用沟施或随水冲施；叶面施肥：在作物不同生长期，根据不同肥料特性和产品要求浓度进行喷施。

三、微量元素水溶肥料

微量元素水溶肥料，是指由微量元素铜、铁、锰、锌、硼、钼按照适合植物生长所需比例制成的或单一微量元素的液体或固体水溶肥料。

微量元素水溶肥可用于基施、拌种、浸种以及叶面喷施等。拌种是用少量温水将微量元素水溶肥料溶解，配成高浓度的溶液，喷洒在种子上，边喷边搅拌，阴干后播种。浸种是用含有微量元素水溶肥料的水溶液浸泡种子，微量元素水溶肥料的浓度为 $0.01\% \sim 0.1\%$，时间为 $12 \sim 24$ 小时，浸泡后及时播种，以免霉烂变质。叶面喷施是将微量元素水溶肥料配成一定浓度的水溶液，对作物茎叶进行喷施，一般在作物不同生育时期喷一次。微量元素肥料一般与大量元素肥料配合施用，在满足植物对大量元素需要的前提下，施用微量元素肥料能充分发挥肥效，表现出明显的增产效果。

四、含腐植酸水溶肥料

（一）含腐植酸水溶肥料概述

含腐植酸水溶肥料是一种含有腐植酸类物质的新型肥料，也是一种多功能肥料，简称"腐肥"，群众称"黑化肥""黑肥"等。它是以富含腐植酸的泥炭、褐煤、风化煤为原料，经过氨化、硝化等化学处理，或添加大量元素氮、磷、钾或微量元素铜、铁、锰、锌、硼、钼制成的液体或固体水溶肥料。能刺激植物生长、改土培肥、提高养分有效性和作物抗逆能力。

含腐植酸水溶肥料使用范围广，可用于蔬菜、瓜果、茶叶、棉花、水稻、小麦等各种粮食作物和经济作物，特别适宜生产绿色食品和有机食品，也可用作园林、苗圃、花卉、草坪等的专用肥。

（二）含腐植酸水溶肥料的施用

含腐植酸水溶肥料主要用于基肥、拌肥、追肥、叶面施肥、浸种以及蘸根等。

1. 作基肥

固体腐植酸水溶肥料作基肥，每亩用量 100～150 千克；浓度为 0.05%～0.1% 的水溶液，每亩用 250～400 升；可与农家肥料混合一起施用，沟施或穴施均可。

2. 作追肥

在作物幼苗期和抽穗期前，每亩用 0.01%～0.1% 水溶液 250升左右，浇灌在作物根系附近。水田可随灌水施用或水面泼施，能起到提苗、壮苗、促进生长发育等作用。追肥的时候，一定要按照说明书上的用量使用，浓度过高会造成浪费，浓度过低则起不到应有的效果。对于芹菜、菠菜等叶菜类的蔬菜，一般在苗期追肥1次即可；而对于黄瓜、番茄、茄子等连续收获的果菜，可以在每茬收获后冲施1次，有利于促进作物生长发育、延长结果期。

3. 叶面施肥

一般在作物花期喷施2~3次，每亩每次喷施量为50升，时间以14~18小时为好，喷施浓度为0.01%~0.05%。

4. 浸种

用稀释液浸泡种子5~8小时。

5. 蘸根

一般移栽前用浓度为0.05%~0.10%的稀释溶液浸根数小时后定植。

(三) 含腐植酸水溶肥料的注意事项

含腐植酸水溶肥料可与大多数农药混用，但应避免与强碱性农药混用。对施肥时期要求相对较为严格，特别是叶面施肥，应选择在植物营养临界期施肥，才能发挥此类产品的最佳效果。避免直接冲施，要采取二次稀释法，以保证冲肥均匀，提高肥料利用率。还要严格控制施肥量，少量多次是最重要的原则。

五、含氨基酸水溶肥料

(一) 含氨基酸水溶肥料概述

含氨基酸水溶肥料是指以游离氨基酸为主体，按照适合植物生长所需比例，添加适量微量元素铜、铁、锰、锌、硼、钼或中量元素钙、镁而制成的液体或固体水溶肥料，有微量元素型和钙元素型两种类型。

(二) 含氨基酸水溶肥料的施用方法

主要用于叶面施肥，也可用于浸种、拌种和蘸根。叶面施肥，喷施浓度为 1 000~1 500 倍液，一般在作物旺盛生长期喷施 2~3 次；浸种，一般在稀释液中浸泡 6 小时左右，取出晾干后播种；拌种，将肥料用水稀释后均匀喷洒在种子表面，放置 6 小时后播种。

（三）含氨基酸水溶肥料的注意事项

常用的生根剂类产品很多都是含氨基酸水溶肥料，有些不良企业在肥料中添加某些激素类物质，但在标签上又不会标注出来，施用后很容易出现诸如植株旺长、后期早衰甚至激素中毒等现象，影响作物的产量和品质。因此，要购买正规企业的产品，并按照标签上标注的用量来施用。选购时要根据作物的种类和生长时期来挑选。

第三节　微生物肥料

微生物肥料，是指含有特定微生物活体的制品，应用于农业生产，通过其中所含微生物的生命活动，增加植物养分的供应量或促进植物生长，提高产量，改善农产品品质及农业生态环境。微生物肥料与无机肥料（化肥）、有机肥料并列，是我国具有严格产品质量标准、规范登记许可管理的三大类肥料之一。

一、根瘤菌肥料

（一）根瘤菌肥料概述

根瘤菌肥料是指用于豆科作物接种，使豆科作物结瘤、固氮的接种剂。以根瘤菌为主，加入少量能促进结瘤、固氮作用的芽孢杆菌、假单胞细菌或其他有益的促生微生物的根瘤菌肥料，称为复合根瘤菌肥料。加入的促生微生物必须是对人畜及植物无害的菌种。目前我国应用根瘤菌肥料较广泛的作物主要有花生、大

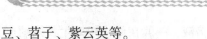

豆、苕子、紫云英等。

（二）根瘤菌肥料的施用方法

1. 拌种

根瘤菌肥料作种肥比追肥好，早施比晚施效果好，多用于拌种。根据使用说明，选择类型适宜的根瘤菌肥料，将其倒入内壁光洁的瓷盆或木盆内，加少量新鲜米汤或清水调成糊状，放入种子混匀，捞出后置于阴凉处，略风干后即可播种。最好当天拌种，当天种完，也可在播种前一天拌种。也可拌种盖肥，即把菌剂兑水后喷在肥土上作盖种肥用。

根瘤菌的施用量，因作物种类、种子大小、施用时期和菌肥质量而异，一般要求大粒种子每粒黏附 10 万个、小粒种子黏附 1 万个以上根瘤菌。质量合格的根瘤菌肥（每克菌剂含活菌数 1 亿~3 亿个），每亩施用量为 1.0~1.5 千克，加水 0.5~1.5 千克混匀拌种。为了使菌剂很好地黏附在种子上，可加入 40%阿拉伯胶或 5%羧甲基纤维素等增稠剂。正确使用根瘤菌肥料可使豆科蔬菜增产 10%~15%，在生茬和新垦的菜地上使用效果更好。

在种植花生时，使用花生根瘤菌肥料拌种，是一项提高花生产量的有效技术措施。根据田间试验结果，用根瘤菌肥料拌种的平均亩产 282.5 千克，未拌根瘤菌肥料的对照组亩产 241.0 千克平均每亩净增产 41.5 千克。

2. 种子球法

先将根瘤菌剂黏附在种子上，然后再包裹一层石灰，种子球化可防止菌株受到阳光照射、降低农药和肥料对预处理种子的不利影响。常用的包衣材料主要是石灰，还可以混入一些微量元素和植物包衣剂等。具体方法：将 100 克阿拉伯胶溶于 225 毫升热水中，冷却后将 70 克菌剂混拌在增稠剂中，包裹 28 千克大豆种子，然后加入 3.4 千克细石灰粉，迅速搅拌 1~2 分钟，即可播种。18 ℃以下可储藏 2~3 周。

3. 土壤接种

颗粒接种剂配合磷肥、微生物肥料同时使用，不与农药和氮肥同时混用，特别是不可与化学杀菌剂混用。为提高接种菌的结瘤率和固氮效率，研究表明，将拌种方式改为底施，特别是将菌剂施用在种子下方 5~7 厘米处，增产幅度超过拌种，有的较拌种增产 2 倍以上。

4. 苗期泼浇

播种时来不及拌菌或拌菌出苗 20 多天后没有结瘤的可补施根瘤菌肥料，即将菌剂加入适量的稀粪水或清水，一般 1 千克菌剂加水 50~100 千克，苗期开沟浇到根部。补施根瘤菌肥料用量应比拌种用量大 4~5 倍。泼浇要尽量提早。

根瘤菌肥料供应不足的可用客土法。客土法是在豆科作物收割后取表土放入瓦盆内，下次播种时每亩用此客土 7.5 千克，加入适量的磷肥、钾肥拌匀后拌种。

（三）根瘤菌肥料的注意事项

（1）拌种时及拌种后要防止阳光直接照射根瘤菌肥料，播种后要立即覆土。

（2）根瘤菌是喜湿好气性微生物，适宜于中性至微碱性土壤（pH 6.7~7.5），应用于酸性土壤时，应加石灰调节土壤酸度。

（3）土壤板结、通气不良或干旱缺水，会使根瘤菌活动减弱或停止繁殖，从而影响根瘤菌肥料效果，应尽量创造适宜微生物活动的土壤环境，如良好的湿度、温度、通气条件等，以利于豆科作物和根瘤菌生长。根据试验结果，主根、侧根的感染菌的活性一般在接种后 10 天内最高，所以在这段时间内要求土壤含水量在田间持水量的 40%~80%，以利于根瘤菌侵染。

（4）应选与播种的豆科作物一致的根瘤菌肥料，如有品系要求更需对应，购买前一定要看清适宜作物。例如，大豆根瘤菌肥只能用于大豆，用于豌豆无效；反之亦同。

（5）可配合磷肥、钾肥、微量元素（钼、锌等）肥料同时使用，不要与农药、速效氮肥同时混用，特别是不可与化学杀菌剂混用。

前期要施用少量氮肥满足作物苗期氮肥需求，磷肥可施用磷酸二铵，过磷酸钙中的游离酸对根瘤有害，所以不宜将根瘤菌肥料与过磷酸钙一起拌种。

菌剂配合钼肥拌种好于单施根瘤菌肥料或单施钼肥。钼酸铵每亩用量10~20克，加水后与根瘤菌剂及种子混合搅拌。

（6）根瘤菌肥料的质量必须合格。除了检查外包装外，还要检查是否疏松，如已结块、长霉的根瘤菌肥料不能使用。另外，还要检查是否有检验登记号、产品质量说明、出厂日期、合格证等。

（7）根瘤菌肥料与其他菌肥的复合使用。根瘤菌剂与其他菌肥复合使用，可以提高肥效。根瘤菌肥料与磷细菌肥料、钾细菌肥料复合拌种的效果优于其他菌肥。研究结果表明，根瘤菌肥料拌种比不拌种增产6.9%；根瘤菌肥料与磷细菌肥料混合拌种，比不拌种平均增产10.5%；而根瘤菌肥料与磷细菌肥料、钾细菌肥料混合拌种比对照平均增产16.5%。

二、固氮菌肥料

（一）固氮菌肥料概述

固氮菌肥料是指含有益的固氮菌，能在土壤和多种作物根际中固定空气中的氮气，供给作物氮素营养，又能分泌激素刺激作物生长的活体制品。是以能够自由生活的固氮微生物或与一些禾本科植物进行联合共生固氮的微生物作为菌种生产出来的。

按菌种及特性分为自生固氮菌肥料、共生固氮菌肥料和根际联合固氮菌肥料；按剂型分为液体固氮菌肥料、固体固氮菌肥料和冻干固氮菌肥料。

（二）固氮菌肥料的施用方法

固氮菌肥料适用于各种作物，特别是禾本科作物和蔬菜中的叶菜类，可作种肥、基肥和追肥。如与有机肥、磷肥、钾肥及微量元素肥料配合施用，能促进固氮菌的活性，固体菌剂每亩用量250~500克，液体菌剂每亩100毫克，冻干菌剂每亩500亿~1 000亿个活菌。合理施用固氮菌肥料，对作物有一定的增产效果，增产幅度在5%左右。土壤施用固氮菌肥料后，一般每年每亩可以固定1~3千克氮素。

1. 拌种

作种肥施用，在固氮菌肥料中加适量的水，倒入种子混拌，捞出阴干即可播种。随拌随播，随即覆土，避免阳光照射。

2. 蘸秧根

对蔬菜、甘薯等移栽作物，可采用蘸秧根的方法。

3. 基肥

可与有机肥配合施用，沟施或穴施，施后立即覆土。薯类作物施用固氮菌肥料时先将马铃薯块茎或甘薯幼苗用水喷湿，再均匀撒上固氮菌肥料与土的混合物，在其未完全干燥时就栽培。

4. 追肥

把固氮菌肥料用水调成糊状，施于作物根部，施后覆土，或与湿土混合均匀，堆放3~5天，加稀粪水拌和，开沟浇在作物根部后盖土。

（三）固氮菌肥料的注意事项

（1）固氮菌属中温性细菌，在25~30 ℃条件下生长得最好，温度低于 10 ℃或高于 40 ℃时生长受到抑制，因此，固氮菌肥料要保存于阴凉处，并要保持一定的湿度，严防暴晒。

（2）固氮菌对土壤湿度要求较高，当土壤湿度为田间持水量的 25%~40% 时，固氮菌才开始繁殖，至 60% 时繁殖最旺盛，因此，施用固氮菌肥料时要注意土壤水分条件。

（3）固氮菌对土壤酸性反应敏感，适宜的土壤 pH 为 7.4~7.6，酸性土壤在施用固氮菌肥料前应结合施用石灰调节土壤酸度，过酸、过碱的肥料或有杀菌作用的农药，都不宜与固氮菌肥料混施，以免发生强烈的抑制作用。

（4）固氮菌只有在碳水化合物丰富而又缺少化合态氮的环境中才能充分发挥固氮作用。土壤中碳氮比低于（40~70）：1时，固氮作用迅速停止。土壤中适宜的碳氮比是固氮菌发展成优势菌种、固定氮素的最重要条件。因此，固氮菌最好施在富含有机质的土壤上，或与有机肥料配合施用。

（5）应避免与速效氮肥同时施用。土壤中施用大量氮肥后，应隔 10 天左右再施固氮菌肥料，否则会降低固氮菌的固氮能力。但固氮菌剂与磷、钾及微量元素肥料配合施用，则能促进固氮菌的活性，特别是在贫瘠的土壤上。

（6）固氮菌肥料多适用于禾本科作物和蔬菜中的叶菜类作物，有专用性的，也有通用性的，选购时一定要仔细阅读使用说明书。

（7）固氮菌肥料用于拌种时勿置于阳光下，不能与杀菌剂、草木灰、速效氮肥及稀土微肥等同时使用。

（8）固氮菌肥料在水稻生长中使用需要注意，速效氮肥在一定时间内对水稻根际固氮活性有明显抑制效应，施肥量越大，抑制效应越严重。土壤速效氮含量与水稻根际固氮活性呈高度负相关。铵态氮对固氮活性的抑制时间，低氮区为 20 天左右，中氮区和高氮区为 25~30 天。因此，在使用时尽量避免与速效氮肥联合施用，最好在中、低肥力水平的土壤上应用。

（9）在固氮菌肥料不足的地区，可自制菌肥。方法是选用肥沃土壤（菜园土或塘泥等）100 千克、柴草灰 1~2 千克、过磷酸钙 0.5 千克、玉米粉 2 千克或细糠 3 千克拌和在一起，再加入厂制的固氮菌剂 0.5 千克作接种剂，加水使土堆湿润而不粘手，在 25~30 ℃中培养繁殖，每天翻动 1 次并补加些温水，堆制 3~5 天，即得到简单方法制造的固氮菌肥料。自制菌肥用量每亩为 10~20 千克。

三、抗生菌肥料

（一）抗生菌肥料概述

抗生菌肥料是指用能分泌抗生素和刺激素的微生物制成的肥料制品。其菌种通常是拮抗性微生物——放线菌，我国应用多年的"5406"属于此类菌肥。"5406"菌种是细黄链霉菌。此类制品不仅有肥效作用而且能抑制一些作物的病害，刺激和调节作物生长。过去的生产方式主要是逐级扩大，以饼土（各种饼肥与土的混合物）接种菌种后堆制，通过孢子萌发和菌丝生长，转化饼土中的营养物质和产生抗生素、刺激素。发酵堆制后的成品可拌种，也可作基肥施用，在多种作物应用后均能收到较好的效果。但这种生产方式操作烦琐，产品质量难以控制，应用面积逐年下降。近年来，多采用工业发酵法生产，发酵液中含有多种刺激素，浸种、喷施于粮食作物、蔬菜、水果、花卉和名贵药材，均获得较好的增产效果，应用面积有所扩大。

（二）抗生菌肥料的施用方法

抗生菌肥料可用作拌种、浸种、浸根、蘸根、穴施、追施等。合理施用抗生菌肥料，能获得较好的增产效果，一般可使作物增产 20% ~ 30%。

1. 作种肥

用抗生菌肥料 1.5 千克左右，加入棉籽饼粉 3 ~ 5 千克、碎土 50 ~ 100 千克、钙镁磷肥 5 千克，充分拌匀后覆盖在种子上，保苗、增产效果显著。

2. 浸种、浸根或拌种

用 0.5 千克抗生菌肥料加水 1.5 ~ 3.0 千克，取其浸出液作浸种、浸根用。也可用水先喷湿种子，然后拌上抗生菌肥料。

3. 穴施

在作物移栽时每亩用抗生菌肥料 10 ~ 25 千克。

4. 追肥

作物定植后，在苗附近开沟施抗生菌肥料，覆土。

5. 叶面喷肥

用抗生菌肥料浸出液进行叶面喷施，主要适用于一些蔬菜作物和温室作物。施用量按产品说明书控制，用水浸出后进行叶面喷施，一般每亩喷施 30 ~ 60 千克浸出液。

（三）抗生菌肥料的注意事项

（1）掌握集中施、浅施的原则。

（2）抗生菌肥料中的抗生菌是好气性放线菌，良好的通气条件有利于其大量繁殖。因此，使用该类肥料时，土壤中的水分既不能缺少，又不可过多，控制水分是发挥抗生菌肥料肥效的重要条件。

（3）抗生菌适宜的土壤 pH 为 6.5 ~ 8.5，在酸性土壤上施用时应配合施用钙镁磷肥或石灰，以调节土壤酸度。

（4）抗生菌肥料可与杀虫剂或某些专性杀真菌药物等混用，但不能与杀菌剂混后拌种。

（5）抗生菌肥料施用时，一般要配合施用有机肥料、磷肥，忌与硫酸铵、硝酸铵、碳酸氢铵等化学氮肥混施，但可交叉施用。

此外，抗生菌肥料还可以与根瘤菌肥料、固氮菌肥料、磷细菌肥料、钾细菌肥料等混施，一肥多菌，可以相互促进，提高肥效。

四、磷细菌肥料

（一）磷细菌肥料概述

磷细菌肥料是指能把土壤中难溶性的磷转化为作物能利用的有效磷，又能分泌激素刺激作物生长的活体微生物制品。这类微生物施入土壤后，在生长繁殖过程中会产生一些有机酸和酶类物质，能分解土壤中矿物态磷、被固定的磷酸铁、磷酸铝和磷酸钙等难溶性磷以及有机磷，使其在作物根际形成一个磷供应较为充分的微区域，从而增强土壤中磷的有效性，改善作物的磷素营养，为农作物的生长提供有效态磷元素，还能促进固氮菌和硝化细菌的活动，改善作物氮素营养。目前，对磷细菌肥料的解磷机理还不十分明确，对此类微生物施入土壤后的活动和消长动态以及解磷作用发挥的条件也不十分了解，加上菌剂质量不能保证，因而磷细菌肥料在生产应用时受到很大限制。

按菌种及肥料的作用特性，可将磷细菌肥料分为有机磷细菌肥料和无机磷细菌肥料。按剂型不同分为液体磷细菌肥料、固体粉状磷细菌肥料和颗粒状磷细菌肥料。目前采用最多的菌种有巨大芽孢杆菌、假单胞菌和无色杆菌等。

（二）磷细菌肥料的施用方法

磷细菌肥料可以用作种肥（浸种、拌种）、基肥和追肥，施用量以产品说明书为准。

1. 拌种

固体菌肥按每亩1.0~1.5千克，加水2倍稀释成糊状，液体菌肥按每亩0.3~0.6千克,加水4倍稀释搅匀后,将菌液与种子拌匀,晾干后即可播种,防止阳光照射。也可先将种子喷湿,再拌上磷细菌肥料,随拌随播,播后覆土,若暂时不用,应于阴凉处覆盖保存。

2. 蘸秧根

水稻秧苗每亩用2~3千克的磷细菌肥料,加细土或河泥及少量草木灰,用水调成糊状,蘸根后移栽。处理水稻秧田除蘸根外,最好在秧田播种时也用磷细菌肥料。

3. 作基肥

每亩用2千克左右的磷细菌肥料,与堆肥或其他农家肥料拌匀后沟施或穴施,施后立即覆土。也可将肥料或肥液在作物苗期追施于作物根部。

4. 作追肥

在作物开花前施用为宜,肥液要施于根部。

(三) 磷细菌肥料的注意事项

(1) 磷细菌适宜生长的温度为 30~37 ℃,适宜的 pH 为7.0~7.5,应在土壤通气良好、水分适当、温度适宜 (25~37 ℃)、pH 为6~8条件下施用。

(2) 磷细菌肥料在缺磷但有机质丰富的高肥力土壤上施用,或与农家肥、固氮菌肥料、抗生菌肥料配合施用效果更好;与磷矿粉合用效果较好。

(3) 如能结合堆肥使用,即在堆肥中先接入磷细菌肥料,可以发挥其分解作用,然后将堆肥翻入土壤,这样做效果较单施好。

(4) 不同类型的解磷菌 (互不拮抗) 复合使用效果较好;在酸性土壤中施用,必须配合施用大量有机肥料和石灰。

(5) 磷细菌肥料不得与农药及生理酸性肥料 (如硫酸

铵）同时施用。

（6）储存时不能暴晒，应放于阴凉干燥处。

（7）拌种时应使每粒种子都沾上菌肥，随用随拌，如暂时不播，应放在阴凉处覆盖好再用。

五、复合微生物肥料

（一）复合微生物肥料概述

复合微生物肥料是指由特定微生物与营养物质复合而成的，能提供、保持或改善植物营养，提高农产品产量或改善农产品品质的活体微生物制品。主要类型有两类：一类是由两种或两种以上微生物复合；另一类是由一种微生物与各种营养元素或添加物、增效剂复合，如微生物-微量元素复合微生物肥料，联合固氮菌复合微生物肥料，固氮菌、根瘤菌、磷细菌和钾细菌复合微生物肥料，有机-无机复合微生物肥料，多菌株多营养复合微生物肥料等。复合微生物肥料具有营养全面、肥效持久、改善作物品质、降低硝酸盐及重金属含量、提高化肥利用率、减少环境污染、改善土壤结构等优点。

（二）复合微生物肥料的施用方法

适用于经济作物、大田作物、果树、蔬菜等。

1. 拌种

加入适量的清水将复合微生物肥料调成水糊状，将种子放入，充分搅拌。使每粒种子沾满肥粉，拌匀后放在阴凉干燥处阴干，然后播种。

2. 作基肥

每亩用复合微生物肥料 1～2 千克，与农家肥、化肥或细土混匀，沟施、穴施、撒施均可（不可在正午进行，避免阳光直射），随即翻耕入土以备播种。

3. 作追肥

沟施肥，在作物种植行的一侧开沟，距植株茎基部 15 厘米，沟宽 10 厘米、沟深 10 厘米，每亩施复合微生物肥料约 2 千克。对于果园，幼树采取环状沟施，每棵用 200 克，成年树采取放射状沟施，每棵用 500~1 000 克，可拌肥施，也可拌土施。

穴施肥，在距离作物植株茎基部 15 厘米处挖一个深 10 厘米小穴，单施或与追肥用的其他肥料混匀后施入穴中，覆土浇水。

灌根法，将复合微生物肥料加其质量 50 倍的水，搅匀后灌到作物茎基部，此法适用于移苗和定植后浇定根水。

冲施法，每亩使用复合微生物肥料 3~5 千克，再用适量水稀释后灌溉时随水冲施。

4. 蘸根

苗根不带营养土的秧苗移栽时，用适量清水将复合微生物肥料调成水糊状（每亩用 1~2 千克，兑水 3~4 倍），将秧苗放入，使其根部蘸上菌肥，然后移栽，覆土浇水。当苗根带营养土或营养钵移栽时，可以穴施复合微生物肥料，然后覆土浇水。

5. 拌苗床土

每平方米苗床土用复合微生物肥料 200~300 克，混匀后播种。

6. 园林盆栽

花卉、草坪，每千克盆土用复合微生物肥料 10~15 克追肥或作基肥。

7. 叶面喷施

在作物生长期内进行叶面追肥，将复合微生物肥料按说明书要求的倍数稀释后，进行叶面喷施。

(三) 复合微生物肥料的注意事项

（1）首先，要选择质量有保证的产品，如获得农业农村部登记的复合微生物菌肥。选购时要注意此产品是否经过严格的检测，并附有产品合格证。其次，要注意产品的有效期，产品中的有效微生物的数量随着保存时间的延长而逐步减少，若数量过少则会失效；养分也逐步减少，特别是氮素逐步减少。因此，最好选用当年的产品，距离生产日期越近，使用效果越佳，放弃霉变或超过保存期的产品。最后，避免阳光直射肥料，防止紫外线杀死肥料中的微生物，产品储存环境温度以 15~28 ℃最佳。

（2）在底施复合微生物肥料前，要注意需要让土壤保持一定的湿度，以见干见湿的土壤湿度最好，这样有利于微生物菌的存活。另外，施用底肥的过程中需要复合微生物肥料与有机肥配合施用，足量的有机肥有利于有益菌的快速增殖。

（3）冲施复合微生物肥料时最好是浇小水，使无机养分进入土壤后不易流失和固定，也防止土壤含水量过大影响微生物菌的呼吸，降低其存活数量，不利于肥效的发挥。

（4）不能与杀菌剂、除草剂混用，并且前后必须间隔 7 天以上施用。

（5）最好在雨后或灌溉后施用，肥料施用前要充分摇匀，现配现用。

（6）保存时切忌进水，保存于阴凉干燥处，不宜直接在地面存放。

六、土壤酵母

（一）土壤酵母概述

土壤酵母是最新研制的微生物肥，可以疏松土壤、提高土壤的透气性。菌株繁殖能产生大量抗生素，对作物多种病害产生抗性，从而有效地防治作物病害，起到增加产量、改善品质的作用。土壤酵母能有效防治玉米粗缩病、大叶斑病、小叶斑病、疮痂病、软腐病，防治苹果、葡萄上各种斑点落叶病、霜霉病、炭疽病，并可推迟落叶 9~12 天。

（二）土壤酵母的施用方法

1. 拌种

可以使苗齐、苗壮、根系发达，预防病毒侵害，在作物整个生长期都受益。小麦、玉米、水稻、棉花等种皮不易划伤的种子拌种时，按 1 千克菌剂拌 20 千克种子的比例，将种子喷少许清水润湿种皮，再撒上菌剂，翻拌均匀、晾干，即可播种。花生、大豆、姜、马铃薯、山药等易划伤种皮的种子，可用 1 千克菌剂拌 10~20 千克细湿土，再与种子混拌，然后分离出种子播种。

2. 制作蔬菜营养土

菌剂、湿土按 1∶50 的比例制作营养菌土；育苗时，用作苗床土或盖种土；移苗定植时，可作窝肥；播种时，用作盖种土。

3. 蘸根

移苗定植时，直接用菌剂蘸根定植。采用营养钵育苗的，将土坨底部蘸菌剂定植，可使苗根健壮、成活率高。扦插育苗时，菌剂、细土按 1∶20 的比例，加适量清水做成泥浆，将作为根部的部位蘸取泥浆后扦插，可促进切口处愈合，防止病菌从切口感染，促进生根，提高扦插成活率。

4. 作基肥

与充分腐熟的畜禽粪便、作物秸秆、饼肥等有机肥以及土杂肥等混匀，作基肥施用，每亩用 3~6 千克。土传病害、地下虫害严重的地块，可以加大菌剂用量。

5. 作果树追肥

结合果树追施有机肥，将菌剂拌有机肥施用。每亩用 4~8 千克，根据果树大小可适当增减用量。果树追施菌剂，树势旺盛，病害少，坐果率高，畸形果少，着色好，果实糖度和维生素含量提高，口感好，耐储藏。

（三）土壤酵母的注意事项

（1）在施用时增施饼肥、杂草、秸秆等，效果更好。

（2）勿与碳酸氢铵等碱性肥料混用。

（3）避免与杀菌剂混拌使用。

七、生物有机肥

（一）生物有机肥概述

生物有机肥是指以特定功能微生物与动植物残体（如畜禽类粪便、农作物秸秆等）为来源，并经无害化处理、腐熟的有机物粒复合而成的一类兼具微生物肥料和有机肥效应的肥料。区别于仅利用自然发酵（腐熟）制成的有机肥料，其原料经过生物反应器连续高温腐熟，有害杂菌和害虫基本被杀灭，起到一定的净化作用。生物有机肥料的卫生标准明显高于传统农家肥，也不是单纯的菌肥，是二者有机的结合体，兼有微生物接种剂和传统有机肥的双重优势。除了含有较高的有机质，还含有具有特定功能的微生物（如固氮菌、磷细菌、解钾微生物菌群等），具有增进土壤肥力、转化和协助作物吸收营养、活化土壤中难溶的化合物供作物吸收利用等作用，也可产生多种活性物质和抗（抑）病物质，对作物的生长具有良好的刺激和调控作用，可减少作物病虫害的发生，改善农产品品质，提高产量。

（二）生物有机肥的施用方法

生物有机肥既可作基肥，又可以拌种，还可作追肥。

1. 果树专用生物有机肥

果树施肥应以基肥为主，最好的施肥时间为秋季。施肥量占全年施肥量的60%~70%，最好在果实采收后立即进行。果树专用生物有机肥的施用方式可以采用以下3种。

（1）条状沟施法。葡萄等藤蔓类果树，开沟后在距离果树5厘米处开沟施肥。

（2）环状沟施法。幼年果树，距树干20~30厘米，绕树干开一环状沟，施肥后覆土。

（3）放射状沟施。成年果树，距树干30厘米处，按果树根系伸展情况向四周开4~5个50厘米长的沟，施肥后覆土。

常用果树专用生物有机肥作基肥可按每产50千克果施入2.5~3.0千克。

注意事项：勿与杀菌剂混用；施肥后要及时浇水。

2. 蔬菜专用生物有机肥

一般蔬菜定植前要施足基肥，并适当施些硼和钙等中微量元素肥料。施用方法如下。

（1）作基肥施用。每亩用量40~80千克（与土杂肥及其他有机肥混合施用）。

（2）沟施。移栽前将生物有机肥撒入沟内，移栽后覆土即可。每亩施用量40~80千克。

（3）穴施。移栽前将生物有机肥撒入孔穴中，移栽后覆土即可。每个孔穴10~20克，每亩施用量40~80千克。

（4）育苗。将生物有机肥与育苗基质（或育苗土）混合均匀即可。每立方米育苗基质施用量为10~20千克。

注意事项：不要与杀菌剂混合使用，于阴凉处存放，避免雨水浸淋。

3. 花卉专用生物有机肥

观叶类的以氮素维持，观花果的以磷、钾维持，球根茎则多施钾肥，促地下部的生长。花卉专用生物有机肥的施用方法如下。

（1）基地花卉施用。每亩施用量为100~150千克，肥效可维持 300 天左右。可穴施、沟施、地面撒施及拌种施肥，施肥后覆盖 2~5 厘米，然后浇水加速肥料分解，便于花卉吸收。配方施肥可适当减少其他肥用量。

（2）盆景花卉施用。作追肥，20~30 厘米盆用量 30~40 克，40~50 厘米盆用量 50~100 克，将肥浅埋入土中浇水，每 3 个月追肥 1 次。作基肥，栽培花卉时将肥料与土壤混合施用或将肥料放入盆中部施用，肥土混合比例为 1：5，一年不用追肥。

4. 粮油专用生物有机肥

生物有机肥在粮油作物上一般采用拌种和基肥混施两种方法，与化肥配合施用。拌种是将生物有机肥 4 千克与亩用种子混拌均匀，而化肥在深耕时作基肥施入。基肥混施是将 25 千克生物有机肥与亩用化肥混合均匀后，在播种/深耕时一次施入土壤，施肥深度在土表 15 厘米左右。同时，必须看天、看地、看苗，提高施用技巧，做到适墒施肥、适量施肥。

5. 甘蔗专用生物有机肥

甘蔗基肥应以生物有机肥为主，配施氮、磷、钾肥。一般甘蔗高产田块，亩施生物有机肥 200~300 千克作基肥。施基肥时，先开种植沟，将生物有机肥施于沟底，沟两侧再施无机肥。

甘蔗追肥分苗肥、分蘖肥、攻茎肥 3 次施用。生物有机肥冲施、灌根、喷施均可。生长前期（3 片真叶时）施苗肥，促苗壮苗，保全苗；生长中期（出现 5~6 片真叶时）施分蘖肥，促进分蘖，保证有效茎数量；生长后期（伸长初期）施攻茎肥，促进甘蔗发大根、长大叶、长大茎，确保优质高产。

6. 桑树专用生物有机肥

桑树专用生物有机肥主要作基肥和追肥使用。

（1）作基肥。在桑树进入休眠期（11 月中下旬）进行，离树头（根部）40 厘米处开沟，每亩施 60 千克左右，覆土。

（2）作追肥。第一次追肥在春季，即采第一次桑叶后进行施肥，离树头 40 厘米处开沟，每亩施 30 千克左右，覆土。第二次追肥在第一次追肥后 30 天左右进行，离树头 40 厘米处开沟，每亩施 30 千克左右，覆土。

（三）生物有机肥的注意事项

（1）选用质量合格的生物有机肥。质量低下、有效活菌数达不到规定指标、杂菌含量高或已过有效期的产品不能施用。

（2）不宜长期存放，宜现买现用。避免开袋后长期不用而进入杂菌，使肥料中的微生物菌群发生改变，影响其使用效果；生物有机肥储存时放在阴凉处，避免阳光直接照射，亦不能让雨水浸淋。生产中不提倡农民自己存放，因环境的干湿不定影响肥料质量，且存放时间长了，有效菌的休眠状态可能被破坏，使活菌数量大大降低，即使休眠不被破坏，存放时间久了，有效菌的活性也会大大降低，从而影响肥效。

（3）施用时尽量避免造成肥料中微生物的死亡。应避免阳光直射生物有机肥，拌种时应在阴凉处操作，拌种后要及时播种，并立即覆土。

（4）创造适宜的土壤环境。在底施生物有机肥前，不要忽略了其中的微生物菌，需要让土壤保持一定的湿度。土壤的湿度影响微生物菌的活性。大水漫灌或土壤干旱，会使微生物菌"呼吸不畅"进而影响其生存，尤其对好氧菌的影响更大。底施生物有机肥前，以见干见湿的土壤湿度最好，这样有利于微生物菌的存活。土壤过分干燥时，应及时灌溉。大雨过后要及时排除田间积水，提高土壤的通透性。

此外，在酸性土壤中施用时应中和土壤酸度后再施。施用底肥的过程中可以将生物有机肥与功能微生物菌剂配合施用，这是因为生物有机肥中的有机质可为微生物菌提供充足的"粮食"，有利于有益菌的快速增殖。

（5）因地制宜推广应用不同的生物有机肥。如含根瘤菌的生物有机肥应在豆科作物上广泛施用，含解磷、解钾类微生物的生物有机肥应施用于养分潜力较高的土壤。

（6）避免在高温干旱条件下使用。生物有机肥中的微生物在高温干旱条件下，其生存和繁殖会受到影响，不能发挥良好的作用。因此，应选择阴天或晴天的傍晚施用，并结合盖土、盖粪、浇水等措施，避免微生物有机肥受阳光直射或因水分不足而难以发挥作用。

（7）避免与未腐熟的农家肥混用。与未腐熟的有机肥混用，高温可杀死微生物，影响生物有机肥特有功效的发挥。

（8）不能与杀虫剂、杀菌剂、除草剂、含硫化肥、碱性化肥等混合施用，否则易杀灭有益微生物。

（9）在有机质含量较高的土壤上施用效果较好，在有机质含量少的瘦地上施用效果不佳。

（10）不能取代化肥。与化肥相辅相成，与化肥混合施用时应特别注意其混配性。

第六章 农作物化肥减量 增效技术模式

第一节 化肥深施机械化技术

化肥深施机械化技术是指使用化肥深施机具，按农艺要求的品种、数量、施肥部位和深度适时将化肥均匀地施于地表以下作物根系密集部位，既能保证被作物充分吸收，又显著减少肥料有效成分的挥发和流失，具有提高肥效和节肥增产双重效果的实用技术。

一、技术要求

（一）底肥深施技术

1. 先撒肥后耕翻

尽可能缩短化肥暴露在地表的时间，尤其对碳酸氢铵等易挥发的化肥，要做到随撒肥随耕翻深埋入土。此种施肥方法可在犁具前加装撒肥装置，也可使用专用撒肥机，肥带宽度基本同后边犁具耕幅相当即可。作业要求：化肥撒施均匀，翻埋及时。

2. 边耕翻边施肥

通常将肥箱固定在犁架上，排肥导管安装在犁铧后面，随着犁铧翻垡将化肥施于犁沟，翻垡覆盖，基本上可以做到耕翻施肥作业同步。作业要求：施肥深度 15 厘米左右，肥带宽度 3~5

厘米，排肥均匀连续，断条率<3%，覆盖严密。

（二）种肥深施技术

种肥通过在播种机上安装肥箱和排肥装置来完成。种肥深施分侧位深施和正位深施两种。

1. 技术要求

肥料施于种子正下方或侧下方，以不烧苗为原则，氮肥与种子的隔离土层应在6厘米以上，其他肥为3~5厘米。

2. 作业要求

各行排肥量一致性变异系数≤13%，总排肥量稳定性变异系数≤7.8%，且镇压密实。

二、化肥深施对作业机具的要求

（一）机具性能要求

深施化肥机具应符合农艺要求，施肥深度（≥6厘米），具有可调节施肥量的装置，排肥装置有高度可靠性，作业时不应有断条现象，肥带宽度变异≤1厘米，单季作业换件或故障修理不超过1次/台（件、组）。

（二）深施化肥作业要求

（1）排肥断条率<3%。

（2）肥条均匀度：碳酸氢铵为20%~30%，尿素等颗粒肥为20%~25%。其中，底肥深施均匀性变异系数≤60%；播种深施排肥均匀性变异系数≤40%；中耕追肥深施均匀性变异系数≤40%。

（3）各行排肥量一致性变异系数均应≤13%。

（4）化肥的土壤覆盖率要达到100%，种肥、追肥作业要保证镇压密实。

（5）施肥位置准确率≥70%。

（6）中耕追肥深施作业伤苗率<3%。

（7）各种机具的使用可靠性系数均应≥90%。

三、机械深施化肥的注意事项

（1）操作机手在进行作业前要经过专门的技术培训，以便熟知化肥深施技术的作业要点和掌握机具操作使用技术，能按要求调整机具和排除机具作业中出现的故障。

（2）深施作业前要检查机具技术状况，重点检查施肥机械或装置各连接部件是否紧固，润滑状况是否良好，转动部分是否灵活。

（3）调整施肥量、深度和宽度，使机具满足农艺要求。调整时肥箱里的化肥量应占容积的1/4以上，并将施肥机具或装置架起处于水平状态，然后按实际作业时的转速转动地轮，其回转圈数以相当于行进长度50米折算而定，同时，在各排肥口接取肥料并称重，确定好施肥量后机具进地进行实际作业试验，当机具入土行程稳定后，视情况选取宽度和观察点个数，在截面中肥带部位测量带宽及化肥距地表和种子（植株）的最短距离，如多点测试均满足要求，即可投入正常施肥作业。

（4）作业中要做到合理施用化肥，应遵循以下基本原则。

第一，选择适宜的化肥品种。要根据土壤条件和作物的需肥特性选择化肥品种，确定合理的施肥工艺（如基肥和追肥比例、追肥的次数和每次的追肥量），以充分发挥化肥肥效（如硝态氮肥应避免在水田施用，防止由于硝化、反硝化造成氮素的损失）。

第二，化肥与有机肥配合施用。化肥和有机肥配合施用，有利用发挥互补作用满足各个时期作物对养分的需要。通过施用有机肥避免单施化肥对土壤理化性状的不良影响，提高土壤的保肥、供肥能力。化肥和有机肥配合施用的方法有两种：一种是以有机肥作基肥，化肥作追肥或种肥施用；另一种是有机肥与化肥直接混合施用。需要注意的是，化肥和有机肥不是可以任意混合的，有些混合后能提高肥效，有些则相反，会降低肥效，如硝态氮肥（如硝酸铵）与未腐熟的堆肥、厩肥或新鲜秸秆混合堆沤，在无氧条件下，由于反硝化作用，易引起硝态氮变成氮气跑掉，损失养分。

第三，按施肥量和各种营养元素的适宜比例搞好施肥作业。施肥不仅是要获得较高的产量，还要有较高的经济效益，为此要根据土壤条件、作物种类、化肥品种和施肥方法等具体条件确定施肥用量和各种营养元素的适宜比例。作物的高产、稳产，需要氮、磷、钾等多种养分协调供应，施用单一化肥，往往不能满足作物生长发育的需要。根据我国目前土壤氮、磷、钾的分布情况，北方要重视氮、磷肥的混合施用，南方要做到氮、磷、钾肥的混合施用。此外，还要根据农艺要求和化肥特性，确定化肥的施用季节、施肥部位（如侧位深施、正位深施）、施肥方法（如集中施、根外追施）等，为提高化肥利用率创造条件。

四、化肥深施机具

（一）底肥深施机具

1. 犁底施肥机

犁底施肥机是在现有各种犁耕、旋耕机具上，加装肥箱、排肥器、传动机构和输肥管，在犁耕或旋耕作业的同时，将化肥施入犁沟底部或耕层中去的一种组合式联合作业机具。不进行施肥作业时，卸下施肥装置，不影响原机具的使用。

2. 垄体施肥机

垄体施肥机是一种联合作业机型，可在玉米等垄作作物的播种起垄作业时，将尿素等颗粒状化肥分两层施入垄体，两层化肥之间有 5~8 厘米土层，化肥在不同作物生长时期发挥作用，上层肥料主要起种肥作用，下层肥料主要起底肥作用，所以这种施肥机是兼有种肥施肥机和底肥施肥机作用的一种机型。

（二）种肥深施机具

种肥深施机具通常为施肥播种机，在一个机架和传动机构上，并列着两套装置，一套用来播种，一套用来施肥，可在播种的同时施肥，是化肥深施机具中运用最广、型号最多的联合作业机型。有的机型采用精量、半精量排种器，节种增效作用明显；有的机型还装有铺膜等装置，联合作业项目更多。施肥位置不同，按施肥播种机可分为正位施肥和侧位施肥两类机型。

1. 正位施肥播种机

这类机型的开沟器一般分两排排列，前排开沟器施肥，后排开沟器播种，两排开沟器处于前进方向的同一纵向平面内，施肥开沟器工作深度较深，使肥料处于种子正下方，种肥之间有3.5~5.0 厘米土层，所以有的机型也称作种肥分层播种机。

2. 侧位施肥播种机

侧位施肥播种机的结构与正位施肥播种机基本相同，只不过它的施肥开沟器与播种开沟器不在同一条线上，而处于播种开沟器的两侧，把化肥施在种子旁侧，多用于玉米、大豆、高粱和棉花等宽行距的中耕作物播种施肥作业。

（三）追肥深施机具

追肥机具是用来在作物生长中期和后期施肥的机具，排施的肥料以尿素等速效肥为主，有的机型也可排施碳酸氢铵。

1. 中耕施肥机

中耕施肥机利用中耕播种施肥机或中耕机悬挂机架配套单体施肥（播种）机，用拖拉机牵引或装小动力机自走，进行行间或株侧深施肥。

2. 手动追肥机具

追肥是在作物生长的中、后期，此时期植株高大，限制了机械追肥作业。近年来，各地针对这一矛盾，相继研制出一批手动追肥机具，可分别排施固态化肥和液态化肥。

第二节　水稻"侧深施肥"技术模式

水稻"侧深施肥"技术通过在插秧机上加装侧深施肥装置，在机插秧的同时，把肥料均匀、定量地施入秧苗根侧 3~5 厘米、深度 4~6 厘米的位置，并覆盖于泥浆中，避免肥料漂移，促进秧苗根系对养分的吸收。水稻"侧深施肥"技术是对机插秧技术的创新发展，能够在插秧的同时实现精准、高效施肥，提高肥料利用效率，是化肥减量增效的主推技术之一。

一、培育壮秧

根据机插秧要求选用规格化毯状带土秧苗，一般秧苗叶龄 2.0~3.5 叶，秧龄北方 20~40 天、南方 15~25 天，苗高 10~20 厘米。秧苗应敦实稳健，有弹性，叶色绿而不浓，叶片不披不垂，茎基部扁圆，须根多，充实度高，无病虫害。防止秧苗枯萎，做到随起、随运、随插。

二、田块耕作

(一) 整地作业

1. 秸秆还田

前茬作物秸秆切碎均匀抛撒还田，联合收割机收割留茬≤15 厘米，秸秆切碎长度≤10 厘米，秸秆切碎合格率≥90%，抛撒均匀度≥80%。高留茬和粗大秸秆应用秸秆粉碎还田机进行粉碎后再耕整田块。前茬是绿肥时，要适时耕翻上水沤至腐烂。

2. 整地要求

采用犁翻整地的，秸秆残茬埋覆深度 15~25 厘米，漂浮率≤5%；采用旋耕整地的，秸秆残茬混埋深度 6~18 厘米，漂浮率≤10%。耕整后地表平整，无残茬、杂草等，田块内高低落差≤3 厘米，无大块田面露出。

（二）泥浆沉实

沉实时间根据土壤性状和气候条件确定，一般北方一季稻区砂土泥浆沉实 1~2 天，壤土沉实 3~5 天，黏土沉实 5~7 天；南方稻麦、稻油轮作区砂土泥浆沉实 1 天左右，壤土沉实 2~3 天，黏土沉实 3~4 天。沉实程度达到手指划沟可缓慢恢复状态即可，或采用下落式锥形穿透计测定土壤坚实度，锥尖陷深为 5~10 厘米，泥脚深度≤30 厘米。

三、肥料选用

（一）肥料品种

宜选用氮磷钾配比合理、粒型整齐、硬度适宜的肥料。采用一次性施肥时，宜选用含有一定比例缓控释养分的专用肥料；采用基追配合施肥时，可选用普通配方肥或复合肥料。

（二）肥料要求

肥料应为圆粒型，粒径以 2~5 毫米为宜，颗粒均匀、密度一致，理化性状稳定，手捏不易碎、不易吸湿、不黏、不结块，以防肥料通道堵塞。

（三）肥料用量

依据作物品种、目标产量、地力水平等因素制订施肥方案，确定施肥总量、施肥次数、养分配比和运筹比例。一般情况下，侧深施肥的氮肥投入量可比常规施肥减少 10%~30%，减肥数量根据当地土壤肥力、施肥水平等实际情况确定。

（四）施肥次数

充分发挥水稻"侧深施肥"技术高效、省工的特点，一般采用一次性施肥或一基一追方式。

1. 一次性施肥

充分考虑氮素释放期等因素，选用含有一定比例缓控释养分的专用肥料，一次施肥满足水稻整个生育期的养分需求。

2. 一基一追

做好基肥与追肥运筹，氮肥基蘖肥占 50%～70%，追肥占 30%～50%，可根据实际情况进行调整；磷肥在土壤中的移动性较差，可一次性施用；钾肥可根据土壤质地和供肥状况，选择一次性施用或适当追肥。

四、机械选择

（一）机械类型

选用带有侧深施肥装置的施肥插秧一体机或者在已有插秧机上加挂侧深施肥装置，主要分为气吹式和螺旋杆输送式两种类型。

（二）机械要求

侧深施肥装置应可调节施肥量，量程需满足当地施肥量要求，能够实现肥料精准深施，落点应位于秧苗侧 3～5 厘米、深 4～6 厘米处，通过刮板增强覆盖效果。

五、作业程序

（一）机具调试

1. 机具检查

作业前应检查施肥装置运转是否正常，排肥通道是否顺畅，气吹式施肥装置须检查气吹机气密性。机具各运行部件应转动灵活，无碰撞卡滞现象，并进行开机试运转。

2. 肥料装入

除去肥料中的结块及杂物，将其均匀装填到肥箱中。装入量不大于侧深施肥机最大装载量，盖上防雨盖。装肥过程中应防止混入杂质，影响施肥作业。

（二）施肥量调节

施肥量按照机具说明书进行调节，调节时应考虑肥料性状及田块打滑对施肥量的影响，调节完毕应进行试排肥。试排肥应采用实地作业测试，正常作业 50 米以上，根据实际排肥量对侧深施肥机进行修正。

（三）插秧施肥作业

1. 作业条件

依据当地气候条件和水稻品种熟期合理确定插秧时期，适时早插。插秧时要求日平均温度稳定通过 12 ℃，避开降雨以及大风天气。薄水插秧，水深 1~2 厘米。

2. 插秧要求

根据水稻品种、栽插时间、秧苗质量等确定栽插穴距、取苗量及横向取苗次数，并通过株距调节手柄、纵向取样量与横向取样量。侧深施肥栽培密度一般应比常规施肥栽培密度减少 10%，低产或稻草还田、排水不良、冷水灌溉等地块栽培密度与常规施肥一致。机插秧苗应稳、直、不下沉，漏插率 ≤ 5%，伤秧率 ≤ 5%，相对均匀度合格率 ≥ 85%。

3. 插秧施肥操作

作业起始阶段应缓慢前行 5 米后，按照正常速度作业；中途停车、转弯掉头应缓慢减速，避免发生危险和施肥不均匀。肥料颗粒进入排肥管后通过风机或机械挤压进行强制排肥，定量落入由开沟器开出的位于秧苗侧边 3~5 厘米、深度为 4~6 厘米的沟槽内，经刮板覆盖于泥浆中。此时插秧机亦同步插秧。熄火停车应提前 1 分钟缓慢降低前进速度，直至停车。

4. 作业保障

（1）作业过程中，应规范机具使用，注意操作安全。

（2）施肥作业中应避免紧急停止或加速等操作，发现问题及时停机检修。

（3）调整好株行距，匀速前进，避免伤苗、缺株和倒苗。根据作业进度及时补充秧苗和肥料。

（4）受施肥器、肥料种类、作业速度、泥浆深度、天气等因素影响，应随时监控施肥量，适时微调。

（5）当天作业完成后，应及时排空肥箱及施肥管道中的肥料，做好肥箱及排肥、开沟等部件的清洁。

六、田间管理

（一）养分管理

插秧后注意监测水稻长势和营养状况，根据肥料运筹适时、适量追肥，保障养分供应。

（二）水分管理

插秧后保持水层促进返青，分蘖期灌水 3~5 厘米，生育中期根据分蘖、长势及时晒田，晒田后采用以浅、湿为主的间歇灌溉方法。蜡熟末期停灌，黄熟初期排干。

（三）病虫害防控

以选用抗（耐）病虫品种、建立良好稻田生态系统、培育健康水稻为基础，采用生态调控和农艺措施，增强稻田自然控害能力。优先应用绿色防控措施，降低病虫发生基数，合理安全应用高效低风险农药预防和应急防治。

第三节 玉米生长后期"一喷多促"技术模式

玉米生长后期"一喷多促"技术是应用在玉米生产上的一项稳产增产的关键技术措施，主要在玉米生长中后期，通过混合喷施叶面肥、抗逆剂、生长调节剂、杀菌杀虫剂等，一次作业实现促壮苗稳生长、促灾后恢复、促灌浆成熟、促单产提高和防虫防病等多重功效。

一、药肥选择

玉米生长后期"一喷多促"技术可分别在玉米大喇叭口期、抽雄初期和授粉完成后，结合化控防倒、病虫害防治和增粒促早熟开展，此时期喷施可以快速补充籽粒发育所需的营养元素，使籽粒更加饱满，促早熟。

当玉米基本进入灌浆期，可重点开展以促灌浆成熟、促单产提升的喷施作业。应喷施磷酸二氢钾、芸苔素内酯等植物生长调节剂或叶面肥以促进玉米后期生长，提高其抗逆性，同时根据玉米田间病虫实际发生情况，对症用药，精准喷防。防治玉米螟、叶螨、双斑萤叶甲、叶斑病、茎腐病等病虫害，可选用适宜的杀虫杀菌剂进行联合喷施，起到一次作业、多重防护的效果。

二、科学喷施

（1）一般选择在上午9时至下午6时无露水时喷施，避开中午高温时间。如在喷后24小时内遇到中到大雨，要及时补喷，以保证效果。在玉米灌浆期，根据生长情况及长势可进行1~2次喷施。

（2）采用植保无人机喷药时亩喷施药液量应在1.5升以上，

要添加沉降剂，控制飞行速度和高度，规划好施药路线，避免重喷、漏喷。采用大型植保机械喷药时亩喷施药液量 10～15 升，要注意匀速行驶和减少压苗。田边地头、林带周边大型植保无人机无法作业到的地方，要采用人工补喷。

（3）做到科学用药、规范操作，亩用药量要严格按照使用说明推荐剂量用药，防止因盲目加大药量而产生药害，药剂配制要二次稀释，均匀混配。

三、注意事项

农药包装废弃物及作业结束后剩余药液要集中妥善处置，严禁随意丢弃和倾倒；严禁在水源附近配药、施药，避免出现意外中毒事件和环境污染现象，保护农业生态环境。

第四节　大豆生长后期"一喷多促"技术模式

鼓粒期是大豆产量品质形成的关键期，也是防治病虫的重要关口。采取"一喷多促"技术措施，通过一次喷施叶面肥、生长调节剂、杀菌杀虫剂等混合液，实现促壮大豆叶片、加快干物质积累、促进灌浆成熟、促进灾后恢复、提高大豆产量、改善品质等多重功效。

一、药肥选择

鼓粒期应以促早熟、增粒重为重点，选择叶面喷施磷酸二氢钾+钼酸铵。各地可根据大豆田病虫实际发生情况对症选择添加杀菌杀虫剂，或根据受灾情况选择添加生长调节剂。防治菌核病可选择添加菌核净或嘧菌酯+戊唑醇，防治大豆食心虫可选择添加高效氯氟氰菊酯+甲氨基阿维菌素苯甲酸盐，受灾地块可选择添加芸苔素内酯，可添加有机硅等助剂增加防控效果。

二、科学喷施

注意选择合适的喷施时间、时机和部位。一般选择在无雨天的上午 9 时至下午 6 时喷施作业，避开正午高温时段。如喷后 24 小时内遇中到大雨，要及时补喷。

采用植保无人机喷药时亩喷施药液量应在 1.5 升以上，添加沉降剂，注意控制飞行高度和速度，规划好飞行线路，避免漏喷或重喷。采用大型植保机械喷药时亩喷施药液量应在 15 升以上，要注意匀速行驶并减少压苗。田边地头、林带周边大型植保无人机无法作业到的地方，采用人工补喷。

三、注意事项

（1）一定要到正规经营门店购买药肥。购买时先查验经营许可证，确保药肥质量有保证。

（2）严格按照使用说明推荐剂量用药，不可盲目加大药量。药剂配制要进行二次稀释，药肥溶解要充分，确保混配均匀，防止喷施过程中堵塞喷头，影响喷施效果。

（3）喷施作业前仔细检修机械设备，可试喷后再开展正式作业，确保机械无故障、作业合格。

第五节　玉米深松多层施肥免耕精量播种机械化技术

玉米深松多层施肥免耕精量播种机械化技术是一种一次作业可以完成深松、多层施肥、玉米免耕精量播种、播后镇压等多项功能的联合作业技术。

一、技术原理

玉米深松多层施肥免耕精量播种机作业时，首先由前面的深松施肥铲在未耕地上开出一条深 25 厘米以上、宽 4 厘米以上的深松沟；与此同时，深松施肥铲将复合缓释肥分成多层（肥层≥2 层）施于深松沟内 10 厘米至深松沟底（深度≥25 厘米）的区域内，形成一个长条形的肥带。接着，后面的地轮压碎深松沟上面的土块并进行回填。然后，播种开沟器在深松沟上部或深松沟旁边 3~5 厘米的地带开出种沟，将精量排种器排出的种子播在沟中；最后由镇压轮进行覆土与镇压。

二、主要特点

该技术构思巧妙、理念先进，实现多效叠加，具有五大特点。

（一）深松打破犁底层

深松作业可以有效打破坚硬的犁底层，增加土壤通透性，促进农作物根系下扎，提高土壤蓄水保墒、抗旱防涝和抗倒伏能力，有利于土壤中水、肥、气、热的上下传导，改善作物生长环境，提高玉米产量。

（二）多层施肥效果好

缓释肥分多层一次施入，长方体形的肥层带正好处于玉米根系的密集区，非常有利于营养吸收；由于肥层带足够宽厚，可以一次性把玉米整个生育期所需的肥料全部施进去，且不会造成烧苗烧根现象。随着玉米后续生长和根系下扎，缓释肥不断释放营养，满足玉米各个生长期的需求，大大提高了肥料的利用效率；在玉米大喇叭口期不用追肥，减少后期作业次数，降低环境污染，简单省事。

（三）免耕具翻耕效果

深松铲作业时，土壤中不仅形成了一个 4 厘米×25 厘米的深松施肥沟，同时土壤在深松铲的带动下，受到撕裂、挤压、扰动等多种力的作用，还形成了一个顶部宽 30~40 厘米、底部宽 4 厘米的梯形松土层带，种子种在松土层带内，种床加深，有利于根系下扎，虽为免耕播种却有一定的翻耕播种效果。

（四）精量播种不间苗

排种器采用勺轮式和气吸式等单粒精播技术，株距均匀，苗齐、苗壮，不仅节省种子，而且不用间苗，省工省时。

三、农艺要求

深松深度要在 25 厘米以上，深松作业后地面比较平整，无明显土块堆积与秸秆堆积；深松行距与播种行距，一般采用同一数值，均为 60 厘米左右，以便于玉米收获机械作业；播种深度一般在 3~5 厘米；首层施肥应在种子侧下方 5 厘米以上，即深松沟内 10 厘米左右，其他肥料分成多层施在深松沟内 10~25 厘米范围；种肥间距最好左右错开 5 厘米左右；施肥量一般在 50~60 千克/亩；肥料必须是缓释肥或控释肥，一次施肥，一般不用追肥。播种后立即浇蒙头水，并按当地农艺要求进行植保、化控等其他田间管理措施。

四、作业准备

（一）种子选择

种子必须选用通过国审或省审、适宜本地种植的优质品种，发芽率95%以上，纯度、净度分别达96%和99%。最好经过包衣或拌种处理。

（二）肥料选择

化肥必须是缓释肥或控释肥。测土配方施肥效果最佳，玉米专用缓释复合肥效果较好，普通复合肥效果一般。

（三）配套动力要求

拖拉机功率一般要在 66 千瓦以上，以四轮驱动型为最好。两轮驱动型，在自身重量不足、附着力不够时，要根据机型、地表状况等具体情况合理增加配重，以保证机组能够正常作业，地轮不打滑、机组不翘头。

（四）作业地块要求

一般农田均可以进行作业，但是在适宜条件下作业阻力小、播种性能好。适宜条件为土壤质地为砂壤、轻壤、中壤、重壤和轻黏土，土壤含水量在 12% ~ 20% 范围内，麦茬高度要小于 15 厘米、麦秸切碎长度小于 10 厘米且均匀抛撒地表。

五、机具调整

（一）深松行距的调整

松开深松铲与横梁连接螺栓，左右移动深松施肥铲。

（二）深松深度的调整

松开固定座上的顶丝，上下移动深松施肥铲。

（三）播种行距的调整

一般是松开播种单体总成连接螺栓，左右移动各总成。个别机型播种单体总成与深松铲连接为一体，不需单独调整。

（四）亩施肥量的调整

松开排肥轴端的蝶形螺母，转动手轮，逆时针旋转施肥量减少，顺时针旋转施肥量增加。调整完成以后，要将螺母锁紧。

（五）株距调整

拉动变速箱手杆，变换不同挡位。当计算后的株距与变速箱的株距数值不相等时，挂在数值最接近的挡位。

六、挂接与试播

挂接时，首先将深松播种机与拖拉机上下拉杆连接好，然后从后面观察种箱左右是否水平，从上面观察种箱与拖拉机后轮轴是否平行，如不符合要求，按相关技术要求调整。挂机后，在待播地中不带种肥行进 20 米左右，观察机架是否处于水平。对不合格项，可通过调节上拉杆和左右两个下拉杆来实现。随后进行试播作业，将种子、化肥加入播种机中，在待播地中作业 30 米左右。检测深松深度、播种深度、行距、株距、首层施肥深度等。对性能不合格项进行调整后要再次试播，直至各项指标一次测试全部达到要求，调节部位全部拧紧锁死后，方可进行正式作业。

七、作业注意事项

（1）在作业起步时，要边向前行进边慢慢降下播种机，防止开沟器蹲土堵塞。行进中速度要均匀、播行要直、邻接行要符合要求。

（2）播种深度与深松深度要准确。播种深度一般在 3～5 厘米，可设定为 4 厘米，过深则出苗晚、幼苗弱，过浅则难以控制，易出现露籽现象，影响出苗。深松深度要确保不小于 25 厘米，这不仅是为了保证深松效果，还因为深松铲同时也是施肥铲，如果深松浅时施肥就会同时变浅，如果此时种子与化肥横向错开的距离又较小，就会大大增加烧苗风险。

（3）注意观察，防止堵塞。特别是在雨后土壤湿度较大时，容易出现种、肥堵塞现象；另外，在小麦秸秆处理不好时，深松施肥铲、开沟器容易被秸秆堵塞，要注意清理。如果发现异常，要及时停车检查、排除故障，并对作业不合格的地方重新作业，进行补种。

（4）每次进入新地块作业后都要进行一次质量检测，特大地块要进行 2~3 次检测。

（5）注意安全，播种作业中不能倒车和转弯；未停车熄火状态下不能对播种机进行调整；播种机悬挂臂升起时，没有牢靠支撑不能在机具下进行检修。

八、机具保养

在每班作业结束后，要进行下述保养。

（1）清除机器上各部位的泥土、杂草。

（2）检查各连接件的紧固情况，如有松动应及时拧紧。

（3）检查各传动部位是否转动灵活，如有故障应及时调整和排除；如发现磨损严重，应立即更换。

（4）链条和飞轮上应该经常涂抹机油。

（5）对勺轮、隔板和导种板进行清洗，以确保勺轮正常工作。

九、作业质量检测

（一）深松深度

深松深度是指从深松沟底到未耕地表面的垂直距离，而不是到深松沟顶部的距离。测量时，使用两把钢板直尺，在深松沟地表中心线处，将第一把直尺垂直插至深松沟底，然后刮去地表浮土，另一把直尺水平放在未耕地上作为标记，那么第一把直尺的数值就是深松深度。将深松播种机上每个行的检测值进行平均，平均值即为深松深度。

（二）深松行距

深松行距分为幅内行距和邻接行距。幅内行距可以测量播种机上相邻两个深松铲中心线之间的距离；邻接行距测量地表面上邻接深松沟中心线之间的距离。

将深松播种机上每个行的值进行平均，平均值即为深松行距。

（三）播种深度

播种深度是指地表面至种子上表面的距离。测量前需要先一层一层慢慢地扒开土壤，露出种子，然后用两把直尺进行测量，一把直尺作为地表面标记，另一把测量播种深度。将深松播种机上每个行的值进行平均，平均值即为播种深度。

（四）株距

株距是指同一播种行中相邻两粒种子之间的距离。测量前同样要先仔细地扒开土壤，露出两粒种子，再进行测量。将深松播种机上每个行的值进行平均，平均值即为株距。

（五）首层施肥深度

首层施肥深度是指地表面至第一粒化肥的距离。测量方法与播种深度相同。将深松播种机上每个行的值进行平均，平均值即为首层施肥深度。

第六节　玉米滴灌水肥一体化技术

滴灌水肥一体化技术是一种灌溉技术和配方施肥技术有机结合的农业技术，可以实现水肥的同步管理和合理利用，其借助压力灌溉系统，可将可溶性固体肥料或液体肥料配兑而成的肥液与灌溉水一起，均匀、准确地输送到作物根部土壤。玉米滴灌水肥一体化技术以滴灌系统为载体，以玉米需水量、玉米需肥量为依据，科学调节玉米的生长条件（气候条件、土壤条件），可以适时、适量地满足玉米对水分和养分的需求。玉米滴灌水肥一体化技术可以为玉米提供良好的生存和生长环境,可使玉米增产30%~80%。

一、播前准备

(一)准备种子

滴灌玉米应当选择丰产、抗逆性强的中晚熟优良玉米杂交种。同时,种子在质量方面要保证:纯度>95%、净度=98%、发芽率≥90%、含水量<13%。同时,为保证种植效果,应当选择1~3个玉米品种。

(二)选择耕地

选择土层深厚、肥力中等以上、地势相对平坦的田块,为保证滴管管道内水压平衡、滴水均匀奠定良好基础。同时,这还可以避免出现高处浇不到水、低处存有积水的情况。另外,要选择能满足滴灌基本条件的地块,即地块要有水源(水井或水渠)、水泵(可电动或油动)、过滤器等,这可以保证玉米滴灌水肥一体化技术的顺利应用。

(三)准备玉米滴灌带和布设管网

可选择2行1管宽窄行种植模式,即宽行80~90厘米、窄行20~40厘米、播深3~4厘米,并在窄行正中间铺设1根滴灌带(铺设不宜过紧)。同时,滴灌管最大铺设长度应≤80米。若选择使用单翼迷宫式或者内镶贴片式滴灌带,则滴孔间距应当保持在30厘米。此外,为保证玉米滴灌水肥一体化技术的应用效果,应当根据土壤质地合理、科学地确定滴管带滴头流量:若为砂土,则滴头流量应当控制在2.8~3.2升/时,若为壤土,则滴头流量应当控制在2.4~2.8升/时;若为黏土,则滴头流量应当控制在1.8~2.4升/时。

(四)整地施肥

施足底肥,每亩施优质腐熟有机肥5 000千克;每亩施尿素

10 千克、磷酸二铵 30 千克、硫酸钾 15 千克。结合耕地深翻，每亩施 3%辛硫磷颗粒剂 4~5 千克，以达到有效防治蛴螬、蝼蛄等地下害虫的目的；整地质量应达到"平、松、碎、净、齐"，以为玉米一播全苗奠定良好基础。

二、科学播种

(一) 晒种

通常在播种前，需要晒种 2~3 天，通过促进种子后熟、降低种子含水量的方式，增强种子发芽能力和生活力。

(二) 播种

若土壤 5~10 厘米土层温度可以连续 3 天稳定在 8~10 ℃即可播种。为切实提高玉米产量，应尽量使用机械精量点播，精量点播用种量为每亩 2.2~2.5 千克，播深 3~4 厘米。

(三) 播种方法

采用地膜覆盖、宽窄行种植方式，其中窄行为 40~50 厘米、宽行为 60~70 厘米。播种方式为 1 膜 1 管、1 膜 2 行。膜内窄行距为 40~50 厘米，膜间宽作距为 60~70 厘米，平均行距为 50~55 厘米、株距为 15~17 厘米。

三、灌溉

播种后，当天需滴出苗水。滴水量可根据土壤墒情进行决定（滴水 10~20 厘米^3/亩）；播种后至小喇叭口期，不旱不滴水；进入小喇叭口期后，则需以追肥为目的适当滴水，即需要在 8~9 展叶、12~14 展叶、吐丝散粉、吐丝后 15 天时滴水冲肥。若土壤墒情良好，需亩滴 8~10 厘米^3，将肥料带下去即可；若遇干旱情况，则需亩滴 20~30 厘米^3；若遇到高温天气，则可以采取亩滴 10~15 厘米^3 的方式，能起良好的降温作用。

四、追肥

先滴清水 15~20 分钟，之后加入液体肥料。以玉米目标产量为 800 千克/亩进行追肥为例进行说明。

从小喇叭口期开始，利用滴灌设施分 4~5 次将肥料施入。第一次：在 8~9 展叶时，氮肥 3 千克/亩、磷肥 2 千克/亩、钾肥 2 千克/亩。第二次：在 12~14 片展叶时，氮肥 3 千克/亩、磷肥 2 千克/亩、钾肥 2 千克/亩（与第一次用量相同）。第三次：吐丝后 5 天左右时，主要追加氮肥。第四次：吐丝 15 天后，主要追加氮肥。第四次追肥后可对玉米的长势情况进行观察，若有需要，则可在第四次追肥 10~15 天后，继续施加氮肥。

玉米全生育期，应确保投入氮肥 33.7~36.7 千克/亩，磷肥 15.6~15.7 千克/亩，钾肥 8.9~10.9 千克/亩，施用氮、磷、钾比例为 100：47：28。

参考文献

迟春明，柳维扬，2017. 作物施肥基本原理及应用［M］. 成都：西南交通大学出版社.

贾小红，曹卫东，赵永志，2010. 有机肥料加工与施用［M］. 北京：化学工业出版社.

刘利生，余志雄，刘国辉，等，2011. 科学施肥知识［M］. 成都：四川大学出版社.

马骏，2018. 测土配方施肥技术［M］. 北京：中国农业出版社.

秦关召，袁建江，李北京，2017. 测土配方施肥实用技术［M］. 北京：中国农业科学技术出版社.

全国农业技术推广服务中心，2017. 化肥减量增效技术模式［M］. 北京：中国农业出版社.

王映民，2021. 探讨玉米膜下滴灌水肥一体化技术的推广与应用［J］. 农家科技（下旬刊）（9）：23-24.

熊晓莉，李宁，张晓岸，2018. 有机肥料生产·登记·施用［M］. 北京：中国农业科学技术出版社.